多肉植物

新手栽種入門

王意成 編著

王 翔 主審

前言

　　新人們常常疑惑：明明對多肉植物們關愛有加，可是它們還是沒精打采的，不是掉葉子，就是變得軟趴趴。再看看別人家的多肉植物美若天仙，不禁哀嘆：「拿什麼拯救你，我親愛的肉肉啊！」

　　看了這本書，能讓困惑不已的你迅速成為栽種多肉植物的高手，你吃驚嗎？

　　不必驚奇！這本書會一步一圖地教你簡單易行的選購和栽種多肉植物方法，並告訴你那些老花匠親身總結的多肉植物個性養護方案，讓多肉植物們不徒長、不掉葉，爆盆只是小case。還能讓傳說中果凍色的多肉植物，出自你的手！更有專家面傳心授，幫你輕鬆應對多肉植物們的「小脾氣」。讓所有的新人會遇到的問題，都不再是問題！

　　看完這本書，你就會發現多肉植物養護，僅三步：買多肉植物，帶回家，找個位置放好它。瞧，養多肉植物真的沒有那麼難！

　　來吧，跟着本書，讓新手的你一步一步走進多肉植物的美麗世界。

熊童子
Cotyledon tomentosa

胖胖的熊爪子

養護難度★★★

景天科銀波錦屬，原產於南非。毛茸茸的株形，如同小熊掌一般，翠綠可愛，新奇別緻，是當下非常受歡迎的多肉植物品種。

初戀
Echeveria 'Huthspinke'

給你初戀般的感覺

養護難度★★★

景天科石蓮花屬，為石蓮花屬的栽培品種。生長期擺放陽光充足和通風處，葉片容易變成粉紅色，宛若陷入初戀的少女。

唐印
Kalanchoe thyrsiflora

冬季裏的一抹紅

養護難度★★★

景天科伽藍菜屬，原產於南非。葉片卵形至披針形，淺綠色，具白霜。秋冬季在溫差大和明亮光照下葉片會變成紅色。

照波
Bergeranthus multiceps

萌肉中的小仙女

養護難度★★★

番杏科照波屬，原產於南非。又名仙女花，葉片肥厚多汁，清雅別緻，花色金黃，灼灼耀眼，十分惹人喜愛。

玉蝶
Echeveria glauca

永不敗的蓮花

養護難度★★★

景天科石蓮花屬，原產於墨西哥。幾十枚匙形葉片組成蓮座狀葉盤，似一朵美麗的蓮花，常用於多肉植物的組合盆栽中。

福壽玉
Lithops eberlanzii

沙漠裏的生命石頭

養護難度★★★★

番杏科生石花屬，原產於南非。其外形和色澤酷似彩色卵石，花雛菊狀、白色，是世界著名的小型多肉植物。

虹之玉

Sedum rubrotinctum

陽光下的珍寶

養護難度★★★

景天科景天屬，原產於墨西哥。春秋季在陽光下由綠轉紅，熱鬧非凡。在中國又叫「耳墜草」，西方人給它取名為「聖誕快樂」。

星美人

Pachyphytum oviferum

肥嘟嘟的小可愛

養護難度★★

景天科厚葉草屬，原產墨西哥。株形渾圓可愛，葉色青翠，上披白霜，是景天科的經典品種。盆栽點綴窗臺、陽臺、茶几和桌台，清新悦目，十分清秀典雅。

目錄

Part 1
自己養多肉植物，僅三步

step 1 買喜愛的多肉植物.................18

上哪買？如何挑？.................................18

刷子、剪刀和鑷子.................................20

愛它就給它最好的土.............................22

多肉植物配萌盆.....................................26

step 2 多肉植物進家.........................28

先讓多肉植物熟悉一下家裏的環境.........28

清理根，不要讓蟲子傷害它.....................30

換新盆，插入土裏就生根.........................32

新手問題Q&A...34

step 3 懶人護理.................................38

澆水...38

曬太陽...40

施肥...41

病蟲害...42

生病...44

Part2
新人首選的超級多肉植物

超級好養，多肉植物自己能生長 50

白牡丹.................50　　　雅樂之舞.............57

玉蝶.................51　　　卷絹.................58

火祭.................52　　　條紋十二卷.........59

唐印.................53　　　魯氏石蓮...........60

大和錦.................54　　　銘月.................61

琉璃殿.................55　　　玉露.................62

千代田之松...........56　　　藍石蓮.............63

超好繁殖，生出一堆小肉肉.............64

黑王子.................64　　　白鳳.................70

子寶錦.................65　　　星美人.............71

虹之玉.................66　　　花月錦.............72

黃麗.................67　　　不夜城.............73

大葉不死鳥...........68　　　八千代.............74

初戀.................69

超易爆盆，養出成就感 75

唐扇 75

茜之塔 76

子持年華 77

重扇 78

若綠 79

斧葉椒草 80

姬星美人 81

絨針 82

薄雪萬年草 83

綠之鈴 84

大弦月城 85

好看而特別，愛上你的多肉植物 86

特玉蓮 86

愛之蔓 87

熊童子 88

月兔耳 89

月光 90

吉娃蓮 91

花月夜 92

春夢殿錦 93

霜之朝 94

銀星 95

卡梅奧 96

黑法師 97

玉吊鐘 98

快刀亂麻 99

多肉植物開花，看着就會充滿愛 ...100

福壽玉.....................100

空蟬.....................101

長壽花.....................102

錦晃星.....................103

荒波.....................104

白花韌錦.............105

星球.......................106

五十鈴玉.............107

落花之舞.............108

蟹爪蘭.................109

緋牡丹.................110

照波.....................111

Part3
玩多肉植物，做合格的玩家

掌上花園，多肉植物愛熱鬧............114

多肉植物是群居愛好者........................114

自己組合掌上花園..............................114

會繁殖，養出多肉植物大家族........122

春秋天，繁殖的最好季節....................122

葉插，掉落的葉片也能活....................124

分株，最簡單安全的方法....................126

砍頭，一株變兩株的妙招....................128

根插，有根就能活..............................130

播種，多肉植物愛好者的最愛...............132

關於養殖的心血之談...........................136

和多肉植物一起愛上四季.................140

春，多肉植物在長大.................140

夏，天熱不怕.................141

秋，欣賞多肉植物最美的時節.................142

冬，讓它和你一起溫暖.................143

學一點小技巧，多肉植物變美.................144

附錄.................

玩多肉植物，懂一點專業術語.................148

全書植物拼音索引.................154

全書植物科屬索引.................156

Part1

自己養多肉植物，僅三步

Step1 買喜愛的多肉植物

上哪買？如何挑？

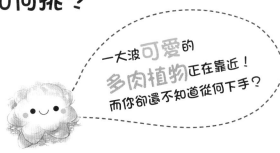

一大波可愛的多肉植物正在靠近！
而你卻還不知道從何下手？

到花市、超市、花店購買多肉植物

優勢　❶ 能夠直接識別多肉植物的品種。
　　　❷ 更容易買到健康、優質的多肉植物。

缺點　❶ 容易將病蟲帶回家。
　　　❷ 價格波動大，初養者難於把握，易多花錢。

花市的多肉植物們

到網店、論壇購買多肉植物

優勢　❶ 購買簡單，品種齊全，足不出戶就能買到多肉植物。
　　　❷ 比價方便，價格較合理，還能與網上好友互相交流買肉、養肉經驗。

缺點　❶ 無法直接看到多肉植物，不易判斷植株大小、健康等情況。
　　　❷ 若買賣雙方所處地域不同，多肉植物需要較長時間適應新環境和恢復。
　　　❸ 快遞過程中，多肉植物很容易受傷。

這樣的多肉植物最好

月影

植株端正；葉片多而肥厚，葉色清新。

琉璃殿錦

植株健壯；葉片無缺損，無焦斑，無病蟲害。

假明鏡

多頭的多肉植物比單頭的性價比更高。

金琥

刺密集，無缺損，無病蟲害；球體豐滿，無老化症狀。

這樣的多肉植物謹慎買

愛染錦

生長不均

姬朧月

根莖徒長

冰莓

穿裙子[1]

虎尾蘭

病蟲害

新手購買小貼士

1. 春秋季購買為宜，避開冬夏季。一般多肉植物冬夏季生長欠佳，很難買到理想的多肉植物。

2. 一次性不要購買太多的多肉植物，以2~3盆為宜。經驗需要慢慢積累。

3. 初次購買不要買價格太高或比較珍貴的品種，否則很容易失敗，導致養肉信心受損。

4. 買回家的多肉植物都需要主人的精心呵護才能越變越漂亮。

[1]多肉植物「穿裙子」指葉片下翻的狀態，具體內容見本書P46多肉植物「穿裙子」了怎麼辦？

刷子、剪刀和鑷子

養多肉植物常用工具

小型噴霧器：用於空氣乾燥時，向葉面和盆器週圍噴霧，增加空氣濕度。同時，噴霧器還可用作噴藥和噴肥。

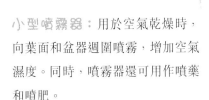

澆水壺：推薦使用擠壓式彎嘴壺，可控制水量，防止水大傷根，同時也可避免水澆灌到植株上，防止葉片腐爛。澆水時沿容器邊緣澆灌即可。對於瓶景中的多肉植物以及迷你多肉植物，更適合選擇滴管澆水。

小鏟：用於攪拌栽培土壤，或換盆時鏟土、脫盆、加土等。一般多肉植物的花盆並不大，推薦使用迷你小工具。

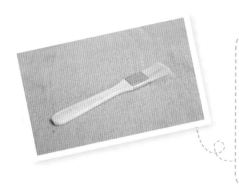

刷子：可以用牙刷或毛筆等替代，用來刷去植物上的灰塵、土粒、髒物，清除植物上的蟲卵。

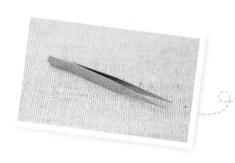

鑷子：清除枯葉，扦插多肉植物，也可用於清除蟲卵。

剪刀：修剪整形，一般在修根及扦插時使用。

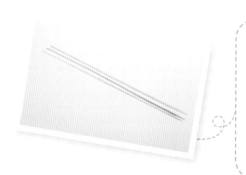

竹籤：可用來測試盆土濕度。將竹籤插入盆土中，如果沒有將盆土帶出，則表示盆土乾燥，可以澆水了。

愛它就給它最好的土

 ## 養多肉植物常用土壤

肥沃園土：指經過改良、施肥和精耕細作的菜園或花園中的肥沃土壤，是一種已去除雜草根、碎石子且無蟲卵的，並經過打碎、過篩的微酸性土壤。

腐葉土：是由枯枝落葉和腐爛根組成的腐葉土，它具有豐富的腐殖質和良好的物理性能，有利於保肥和排水，土質疏鬆、偏酸性。也可堆積落葉，發酵腐熟而成。

培養土：培養土的形成是將一層青草、枯葉、打碎的樹枝與一層普通園土堆積起來，澆入腐熟餅肥，讓其發酵、腐熟後，再打碎過篩。

泥炭土：古代湖沼地帶的植物被埋藏在地下，在淹水和缺少空氣的條件下，分解為不完全的特殊有機物。泥炭土有機質豐富，較難分解。

粗沙：主要是直徑 2~3 毫米的沙粒，呈中性。粗沙不含任何營養物質，具有通氣和透水作用。

苔蘚：是一種又粗又長、耐拉力強的植物性材料，具有疏鬆、透氣和保濕性強等優點。

蛭石：是硅酸鹽材料在 800~1100℃下加熱形成的雲母狀物質，通氣性好、孔隙度大以及持水能力強，但長期使用容易緻密，影響通氣和排水效果。

珍珠岩：是天然的鋁硅化合物，是由粉碎的岩漿岩加熱至 1000℃ 以上所形成的膨脹材料，具有封閉的多孔性結構。材料較輕，通氣良好。

多肉植物的土壤配方

一般多肉植物：肥沃園土、泥炭土、粗沙、珍珠岩各 1 份。

生石花類多肉植物：細園土 1 份，粗沙 1 份，椰糠 1 份，礱糠灰少許。

根比較細的多肉植物：泥炭土 6 份，珍珠岩 2 份，粗沙 2 份。

生長較慢、肉質根的多肉植物：粗沙 6 份，蛭石 1 份，顆粒土 2 份，泥炭土 1 份。

大戟科多肉植物：泥炭土 2 份，蛭石 1 份，肥沃園土 2 份，細礫石 3 份。

小型葉多肉植物：腐葉土 2 份，粗沙 2 份，穀殼炭 1 份。

 ## 配土演示

一般多肉植物

一般多肉植物喜歡以 1:1:1:1 配比的園土、泥炭土、粗沙和珍珠岩的混合土。這種混合土含一定腐殖質，且排水性較好，適合大多數多肉植物的生長要求。

生長較慢、肉質根的多肉植物

生長較慢、肉質根的多肉植物對腐殖質要求不高，但需要很好的通氣性和排水性，因此用比例 6:1:2:1 的粗沙、蛭石、顆粒土和泥炭土的混合土最適宜。

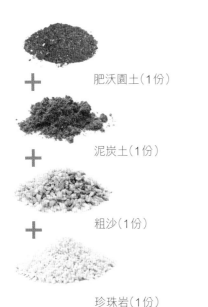

肥沃園土(1份)

泥炭土(1份)

粗沙(1份)

珍珠岩(1份)

蛭石(1份)

顆粒土(2份)

泥炭土(1份)

粗沙(6份)

莖幹狀多肉植物：腐葉土2份，粗沙2份，壤土、穀殼炭、碎磚渣各1份。
球形強刺類仙人掌：用肥沃園土、腐葉土、粗沙加少量骨粉和乾牛糞的混合土壤。
附生類仙人掌：用腐葉土或泥炭土、粗沙加少量骨粉的混合土壤。
柱狀仙人掌：用培養土、粗沙和少量骨粉的混合土壤。

　　多肉植物的盆栽土壤，一般要求疏鬆透氣、排水要好，含適量的腐殖質，以中性土壤為宜。而少數多肉植物，如虎尾蘭屬、沙漠玫瑰屬、千里光屬、亞龍木屬、十二卷屬等植物需微鹼性土壤，番杏科的天女屬則喜歡鹼性土壤。在使用所有栽培土壤之前，均須嚴格消毒。使用時，在栽培土壤上噴水，攪拌均勻，調節好土壤濕度後上盆。

陶粒土、腐葉土、培養土等均屬排水性較好的土壤，是大多數多肉植物的最佳配土選擇。

多肉植物配萌盆

常見的多肉植物盆

青星美人

九輪塔

紫珍珠

塑料盆：質地輕巧，造型美觀，價格便宜。但透氣性和滲水性較差，使用壽命短。

陶盆：透氣、透水性能好，盆器有重量，植株不易傾倒。但盆器重，易破損，搬運不方便。

瓷盆：製作精細，塗有各色彩釉，比較漂亮，常用於作套盆。但透氣性和滲水性差，極易受損。

多肉植物組合

木盆：常用柚木製作，呈現出非常優雅的線條和紋理，具有田園風情。但較容易腐爛損壞，使用壽命短。

江戶紫

虹之玉

紫砂盆：外形美觀雅致。但價格昂貴，透氣性和滲水性差，容易損壞。

玻璃盆：造型別緻，規格多樣。但非常容易破損。

銀星

鐵盆

長壽花

藤柳套盆

火祭

卡通盆

除此以外，還有鐵盆、卡通盆、金屬套盆和藤柳套盆等，都是近年來非常時尚的萌肉萌盆，可以改變和提高室內植物的裝飾效果，塑造出不同的風格和品位。

選盆小貼士

選盆時要注意小苗不要栽大盆，大苗不要用小盆，以苗株外緣距盆口至少1厘米為宜。

Step2 多肉植物進家

先讓多肉植物熟悉一下家裏的環境

剛剛來到新環境的多肉植物，由於購買地的環境和家居室內環境有差別，一般需要1~2週適應新環境。恢復期的多肉植物，容易出現掉葉、葉片變軟等不良狀態。

此時應給予多肉植物特別精心的保護哦！

剛進家門的多肉植物養護要點

① 將多肉植物擺放在陽光充足且有紗簾的窗臺或陽臺，忌陽光過強或光線不足的場所。

② 不要立即澆水，先放一陣子，等多肉植物恢復生長後再正常澆水。可以向週圍噴噴霧，讓整個空氣的濕度大一點。

❶喜歡充足陽光；討厭光線不足。

❷喜歡噴霧。

適應環境後的多肉植物養護要點

① 防止雨淋。雨水過多容易導致多肉植物徒長或腐爛。

② 注意水、肥、泥等不要沾污葉片。

③ 澆水不需多，盆土保持稍濕潤即可。夏季高溫乾燥時，大部分多肉植物處於半休眠或休眠狀態，不宜多澆水，可向植株週圍噴霧降溫，切忌向葉面噴水。

④ 少搬動，防止掉葉或根系受損。

⑤ 冬季需放溫暖、光線充足處越冬。

❶討厭淋雨。

❷喜歡乾乾淨淨；討厭身上有東西。

❸討厭水直接噴在身上。

❹討厭被搬來搬去。

❺ 冬天害怕寒冷；喜歡溫暖、光線
充足的室內。

清理根，不要讓蟲子傷害它

休養一段時間後，可以開始為多肉植物們做身體檢查了。

首先需要清理根系。根系健康與否會影響多肉植物整體的生長狀態。多肉植物成長所需要的營養基本都是由根系輸送到全株的。並且如果根系感染了病蟲害，很快就會影響到整個植株。因此只有根系健壯了，多肉植物們才會健康成長起來。

清理根，就是對老根、爛根和過密的根系適當進行疏剪整理的過程。

清理根的過程

工具　小鏟、鑷子、剪刀、刷子、平淺小盤、多菌靈溶液

步驟

① 輕輕敲打花盆。

② 將鑷子(或小鏟)從花盆邊插入。

③ 自下而上將多肉植物推出。

④ 用手輕輕地將根部所有土壤去除。

⑤ 用剪刀剪去所有老根、枯葉。

⑥ 重點檢查根系和葉片背面。若有蟲子可用小刷子(或鑷子)將蟲子掃除。

⑦ 按1:1000稀釋多菌靈溶液。

⑧ 浸泡多肉植物。無論有沒有病蟲，都最好用多菌靈浸泡，可以強健多肉植物們的體魄。

⑨ 用棉球擦拭乾淨。

⑩ 晾曬多肉植物。未經晾乾就上盆的多肉植物容易體弱多病，最好擺放在通風良好、乾燥處，避免陽光直射。

換新盆，插入土裏就生根

多肉植物原產地範圍廣，生長週期也有很大差別。

如大戟科的麻瘋樹屬、單腺戟屬、大戟屬，龍舌蘭科，龍樹科和夾竹桃科等種類的生長期為春季至秋季，冬季低溫時呈休眠狀態，夏季一般能正常生長，稱為「夏型種」，這類植物在春季3月份換盆最好。

而生長季節是秋季至翌年春季，夏季明顯休眠的多肉植物，即「冬型種」，如番杏科的大部分種類，回歡草屬的小葉種，景天科的青鎖龍屬、銀波錦屬、瓦松屬的部分種類等，它們宜在秋季9月份換盆。

其他多肉植物的生長期主要在春季和秋季，夏季高溫時，生長稍有停滯，這類多肉植物也以春季換盆為宜。

因此，帶多肉植物回家的季節最好選擇春秋季，這樣可以及時換盆，有益多肉植物們的身體健康。

中間型種「月兔耳」

夏型種「白牡丹」

冬型種「桃美人」

一般情況下，多肉植物栽培一年以後也需要換盆。此時盆中養分趨向耗盡，土壤也會變得板結，透氣和透水性差，多肉植物的根系又充塞盆內，極需改善根部的栽培環境。一般多肉植物是在每年春季4~5月之間，氣溫達到15℃左右時，換盆最佳。而一些大戟科、蘿藦科的多肉植物們，本身根很粗又很少，可以2~3年或更長時間換盆1次。換盆時不需剪根、晾根，儘量少傷根，換盆後適量澆水，放半陰處養護。

剛剛換盆的多肉植物容易出現莖稈變軟或不停掉葉子的現象。多是由於在換盆的過程中，多肉植物的根系受到傷害，而使根系不能正常吸收水分，從而導致的現象。進入新盆後，多肉植物需要經歷1~2週緩根的過程才能恢復正常。在此過程中，不要多澆水，平日裏噴噴霧即可，以增加週圍的空氣濕度。

換盆過程

工具　小鏟、裝有土壤的陶盆、鋪面小石子

準備工作　❶ 好土壤，才有好多肉植物

為多肉植物挑選合適的土壤方案，並對土壤進行高溫消毒、晾乾、噴水，注意調節好土壤的濕潤度。

❷ 為多肉植物選好盆

除少數有肉質根和高大柱狀的多肉植物品種可用深盆以外，大多數多肉植物宜用淺盆，或直接將多肉植物擺放在土壤上即可。新手養肉最好選擇底部有小孔的陶盆。

請多肉植物入盆

❶ 選擇合適的位置擺放多肉植物。

❷ 一邊加土，一邊輕提多肉植物。

❸ 土加至離盆口2厘米處為止，不宜過滿。

❹ 鋪上一層白色（或彩色）的小石子，既可降低土溫，又能支撐株體，還可提高觀賞效果。

❺ 換盆完成。用刷子清理乾淨多肉植物表面和盆邊泥土後，放半陰處養護。

新手問題 Q&A

Q1 種多肉植物用的盆一定要有孔嗎？

　　多肉植物生命力頑強，對容器的要求並不高，所以多肉植物的容器可以多種多樣。但要注意的是，在沒有孔的容器中，多肉植物的澆水量一定不能多。因為多肉植物本身的需水量就不高，在沒有孔的容器中，水分既漏不出來，又蒸發不多，水澆多了極易傷害多肉植物。

Q2 「砍頭」後的多肉植物如何生根？

　　將砍下的多肉植物反過來晾乾，一般軟質多肉植物晾一週左右，硬質多肉植物晾兩三天即可。準備稍濕潤沙土，將頭放在沙土上。等待生根的多肉植物只要噴霧即可，可根據具體的天氣情況調節噴霧量，如梅雨季可不噴霧，而空氣較乾燥的環境則加噴一次。一般來說，軟質多肉植物一週噴霧一次，硬質多肉植物兩三天噴霧一次。

砍頭晾乾後扦插的多肉植物

Q3 多肉植物的澆水和日照需求都不一樣，那可以混在一起栽嗎？混栽的多肉植物怎麼養護？

　　目前，多肉植物的組合盆栽應用十分普遍，為了養護上的方便，在選用多肉植物種類時，除了考慮層次感、藝術感外，儘量選擇需水量和日照較為一致的多肉植物品種，這樣養護起來比較方便。譬如硬質葉和軟質葉的種類，夏型種和冬型種的種類，盡可能分開，組成不同的組合盆栽。

條紋十二卷、紅卷絹、屋卷絹習性相似，組合栽種能更好生長。

Q4 多肉植物葉子乾枯可以澆水嗎？

有些種類多肉植物葉色暗紅，葉尖及老葉乾枯，有人認為是植株的缺水現象。其實多肉植物在陽光暴曬或根部腐爛等情況下也會發生上述現象，此時若澆水對多肉植物不利。因此，澆水前首先要學會仔觀察和正確判斷。一般情況下，氣溫高時多澆水，氣溫低時少澆，陰雨天不澆水。

暴曬後發紅的葉子切忌澆水。

Q5 多肉植物掉葉子怎麼辦？

有的多肉植物由於葉柄比較小，且葉片圓圓的，故而一碰就容易掉葉，比如綠龜之卵、虹之玉。不用擔心，尤其像虹之玉，它的生命力非常頑強，掉下來的葉子也會生根發芽。但有時候多肉植物掉葉子就有可能是根部出現了問題。根部出現問題的多肉植物，一般葉片會萎縮而導致脫落，這種情況下修剪根部是最好的辦法。

綠龜之卵碰掉的葉片長成的新植株。

Q6 多肉植物不曬太陽能不能活？

多肉植物是一種喜光的植物，但也不喜歡強光，把它放在陰暗的環境也可以生長，但是會徒長，株型不好看。

玉珠簾只有充足陽光照射後，葉片才會展現肥嘟嘟的可愛一面。

Q7 多肉植物怎麼變色了？

　　大部分多肉植物都是會變色的，這主要是由光照的強度和溫度變化導致的。陽光充足時，多肉植物葉色會變得鮮艷，而長期曬不到陽光，就會葉色暗淡。此外，在秋天溫度變化較大時，多肉植物會變色，而長期處於室內的多肉植物是不太容易變色的。

火祭秋季擺在室外，易由綠變紅。

Q8 多肉植物上落了灰塵怎麼辦？

　　多肉表面落上灰塵、土粒、碎物或生有蟲斑等髒物，會直接影響其觀賞性，可用鬆軟的毛筆或柔軟的細刷，慢慢地來回輕刷，特別是生有細毛或表面有白霜的品種，操作時要特別細心。

沾了塵的清諸蓮需要細刷幫忙清理乾淨。

Q9 盆土太鬆，多肉植物待不住怎麼辦？

　　可以在盆土上鋪一層白色小石子，既可降低土溫，又能支撐株體，還可提高觀賞效果。

Q10 多肉植物是室內養護好，還是露天養護好？

　　大多數多肉植物的生長習性是喜乾怕濕，在原產地多生長於乾旱少雨的露天。因此，養多肉植物時以在室內養護為好。但長期在室內也容易導致多肉植物狀態不佳，甚至由於通風不暢，發生蟲害。所以每隔一段時間可以將多肉植物放置室外照料幾天。

Q_{11} 石蓮花上的白粉需要擦除嗎？

石蓮花上的白粉是不能用手碰的，它同雪蓮、厚葉草等多肉植物一樣，其觀賞性就在於多肉植物上的白粉，手一碰就會把指紋留在上面。在平日養護時，可以戴手套或者用鑷子完成，以最大程度上保持多肉植物的美觀與完整性。

密布白粉的石蓮花更美麗。

Q_{12} 如何判斷多肉植物是否「仙去」？

主要看多肉植物萎縮的程度，完全萎縮的多肉植物就是已經「仙去」了，但是只要還有一點沒有萎縮，就有一線生機，精心呵護就有可能活過來。

已「仙去」的卷絹。

尚有希望的卷絹。

Q_{13} 給多肉植物換盆的最佳時機是什麼時候？

多肉植物換盆的最佳時期可以分為如下兩個時期：一個是春末至夏初這個時間段，因為這個時候的溫度、光線和水分都比較適合，特別是溫度。換盆後的多肉植物比較脆弱，夏初溫度適宜，多肉植物可以較好地恢復。另外一個時期就是開花以後，在植物界，所有的花卉植物都適合在開花後換盆。

Step3 懶人護理

澆水

大多數多肉植物生長在乾旱地區，不適合潮濕的環境，但太過乾燥的環境對多肉植物的生長發育也極為不利。

要想合理澆水，首先要瞭解多肉植物的特性和生長情況，如什麼時候是生長期或快速生長期，什麼時候是休眠期或生長緩慢期。一般來說，正確的澆水頻度是：3~9月生長期，每15~20天澆水1次；快速生長期每6~10天澆水1次（夏季休眠的多肉植物除外）；10月至翌年2月，氣溫在5~8℃時，每20~30天澆水1次（冬季休眠的多肉植物除外）。

科學合理地澆水，要先學會仔細觀察和正確判斷。有一些多肉植物在陽光暴曬或根部腐爛等情況下，會發生葉色暗紅，葉尖及老葉乾枯的現象，此時若澆水，對多肉植物不利。

一般情況下，夏天清晨澆，冬季晴天午前澆，春秋季早晚都可澆；生長旺盛時多澆，生長緩慢時少澆，休眠期不澆。澆水的水溫不宜太低或太高，以接近室內溫度為准。

在多肉植物生長季節澆水的同時，可以適當噴水，增加空氣濕度。噴用的水必須清潔，不含任何污染或有害物質，忌用含鈣、鎂離子過多的硬水。冬季低溫時停止噴水，以免空氣中濕度過高發生凍害。

多肉植物澆水表

春	夏（冬型種除外）	秋	冬（夏型種除外）
◌中	●多	◌中	◌少
早晚為宜	清晨為宜	早晚為宜	晴天午前為宜

＊本表僅供參考，具體內容看正文。

多肉植物澆水技巧

多肉植物缺水信號

一旦缺水，多肉植物的葉片顯暗紅色，葉尖及老葉乾枯，表面柔軟乾癟。

缺水的奧爾巴

天氣變化與澆水

隨着天氣的變化，多肉植物對水量的要求不同。溫度高時，多肉植物需要多澆水。

溫度低時，要少澆水。遇到陰雨天，多肉植物水分蒸發少，一般不需要澆水。而在深秋長期天晴，氣候乾燥時，在適量澆水的情況下，可多用噴霧來增加空氣濕度。

花盆種類與澆水

多肉植物生命力頑強，對盆器的要求並不高，所以多肉植物的盆器可以多種多樣。但要注意的是，由於盆器的特點不同，多肉植物的澆水量和次數也會有所不同。

陶盆由於透氣性好，非常適合多肉植物栽培，一般6~8天澆一次水即可。

塑料盆、瓷盆、金屬盆的透氣性都不如陶盆，因此10~12天澆一次水為宜。

另外，如若栽培在沒有孔的盆器中，多肉植物的澆水量一定不能多。因為多肉植物本身的需水量就不高，在沒有孔的容器中，水分不易蒸發、排出，水澆多了極易傷害多肉植物。

植株大小與澆水

剛剛栽種的多肉植物，根系還不發達，對水分的吸收能力較弱，因此不宜多澆水。而已經養護一段時間的多肉植物，根系健壯，能很好地吸取所需水分，可以正常澆水。

曬太陽

大多數多肉植物在生長發育階段均需充足的陽光，屬於喜光植物。充足的陽光使莖幹粗壯直立，葉片肥厚飽滿有光澤，花朵鮮艷誘人。如果光照不足，植株往往生長畸形，莖幹柔軟下垂，葉色暗淡，刺毛變短、變細，缺乏光澤，還會影響花芽分化和開花，甚至出現落蕾落花現象。

但是對光照需求較少的冬型種、斑錦品種，以及布滿白色疣點和表皮深色的品種，它們若長時間在強光下暴曬，植株表皮易變紅變褐，顯得沒有生氣。因此，稍耐陰的多肉植物，在夏季晴天中午前後要適當遮陰，以避開高溫和強光。另外，早春剛萌芽展葉的植株和換盆不久的植株，也要適當遮陰，以利於株體的生長和恢復。

霜之朝經過充足光照，莖幹健壯，葉片緊湊、飽滿有光澤。

斑錦品種的艷日傘對光照要求不高，在短暫的半陰環境下也能較好生長。

 ## 多肉植物曬太陽表

春	夏 （冬型種除外）	秋	冬 （夏型種除外）
☀ 全日照	⛅ 散射光	☀ 全日照	☀ 全日照
陽臺為宜	室內遮陰	陽臺為宜	室內為宜

＊本表僅供參考，具體內容看正文。

施肥

多肉植物施肥必知道

常用肥料

過去，家庭中有機肥的來源主要有各種餅肥、骨粉、米糠、各種廚餘等，有些也經過腐熟發酵而成。優點是肥力釋放慢、肥效長、容易取得、不易引起燒根等；缺點是養分含量少、有臭味、易弄髒植株葉片。無機肥有硫酸銨、尿素等，人們習慣稱為化肥。優點是肥效快、植物容易吸收、養分高；缺點是使用不當易傷害植株。

如今，出現了不少專用肥料，如「卉友」系列、「花寶」系列，都很適合多肉植物使用。

多肉植物施肥。

怎樣給多肉植物合理施肥？

多肉植物們生長階段不同，種類不同，對肥料有不一樣的要求。

初春是多肉植物結束休眠期轉向快速生長期的過渡階段，施肥對促進多肉植物的生長是有益的。7~8月盛夏高溫期，植株處於半休眠狀態，應暫停施肥。剛入秋，氣溫稍有回落，植株開始恢復生機，可繼續施肥，直到秋末停止施肥，以免植株生長過旺，新出球體柔嫩，易遭凍害。冬季一般不施肥。

多肉植物在生長季節的施肥頻度，可以每2~3週施肥1次，如吊燈花屬、天錦章屬、蓮花掌屬等植物。大多數多肉植物為每月施肥1次；少數種類，如對葉花屬為每4~6週施肥1次，馬齒莧樹屬、厚葉草屬則每6~8週施肥1次。

多肉植物施肥表

春	夏 （冬型種除外）	秋	冬 （夏型種除外）
肥	停止施肥	肥 肥	停止施肥
每月1次	/	每月1次	/

＊本表僅供參考，具體內容看正文。

病蟲害

多肉植物主要在室內栽培觀賞，所以相對來說容易控制病蟲害。不過長期室內栽培，在高溫乾燥、通風不暢的情況下，也會出現一些常見病蟲和多發病蟲。

紅蜘蛛

主要危害蘿藦科、大戟科、菊科、百合科、仙人掌科的多肉植物。該蟲以口器吮吸幼嫩莖葉的汁液，被害莖葉出現黃褐色斑痕或枯黃脫落，產生的斑痕永留不褪。發生蟲害後加強通風、進行降溫措施，可用40%三氯殺蟎醇乳油1000~1500倍液噴殺。

粉蝨

較多發生在景天科伽藍菜屬、天錦章等多肉植物。該蟲在葉背刺吸汁液，造成葉片發黃、脫落，同時誘發煤煙病，直接影響植株的觀賞價值。發生蟲害初期可用40%氧化樂果乳油1000~2000倍液噴殺。

介殼蟲

常危害葉片排列緊湊的龍舌蘭屬、十二卷屬以及仙人掌科等植物。該蟲吸食莖葉汁液，導致植株生長不良，嚴重時出現枯萎死亡。危害時除用毛刷驅除外，可用速撲殺乳劑800~1000倍液噴殺。

蚜蟲

多數危害景天科和菊科的多肉植物，常吮吸植株幼嫩部分的汁液，引起株體生長衰弱，其分泌物還招引蟻類的侵害。危害初期用80%敵敵畏乳油1500倍液噴灑。

白粉蝨

是仙人掌最討厭的害蟲，會布滿莖或葉狀莖的表面，造成植株發黃、枯萎、莖節脫落，並誘發煤煙病。可用25%亞胺硫磷乳油800倍液或40%速撲殺乳劑2000倍液噴殺。

放上一個黏蟲板就能誘殺蚜蟲成蟲。

赤腐病

　　為細菌性病害，是多肉植物的主要病害，常危害塊莖類的多肉植物。從根部傷口侵入，導致塊莖出現赤褐色病斑，幾天後腐爛死亡。盆栽前要用70%托布津可濕性粉劑1000倍液噴灑預防，若發現塊莖上有傷口，要待晾乾後塗敷硫黃粉消毒。

玉蝶腐爛病

銹病

　　發生銹病後多肉植物莖幹的表皮上出現大塊銹褐色病斑，並從莖基部向上擴展，嚴重時莖部布滿病斑。可結合修剪，將病枝剪除，等待重新萌發新枝，再用12.5%烯唑醇可濕性粉劑2000~3000倍液噴灑。

炭疽病

　　是危害多肉植物的重要病害，屬真菌性病害。高溫多濕的梅雨季節，染病植株的莖部會產生淡褐色的水漬性病斑，並逐步擴展腐爛。首先要開窗通風，降低室內的空氣溫度和濕度，再用70%甲基硫菌靈可濕性粉劑1000倍液噴灑，防止病害繼續蔓延。

生理性病害

　　若因栽培環境惡劣，如強光暴曬、光照嚴重不足、突發性低溫和長期缺水等因素，造成莖、葉表皮發生灼傷、褐化、生長點徒長、部分組織凍傷、頂端萎縮枯萎等病害，最根本的措施是改善栽培條件。

腐爛病

　　是危害仙人掌植物的主要真菌性病害。仙人掌幼苗遇此病，會大量猝倒，萎縮死亡；成株球體則會開始出現褐色病斑，接着內部腐爛，發出臭氣，全株軟腐死亡。

蠻燭臺炭疽病

金邊龍舌頭蘭葉斑病

神刀銹病

生病

Q1 多肉植物生長緩慢怎麼辦？

大部分多肉植物生長緩慢是由於光線不足所導致的，但也有一些多肉植物本身生長比較緩慢，比如棒葉花屬、肉錐花屬、肉黃菊屬、長生草屬等。還有部分品種在特定環境下生長緩慢，比如紀之川在冬季雖然依然保持生長，但是生長緩慢。

九輪塔生長緩慢，生長到
15厘米左右大約需要3年。

Q2 哪種多肉植物開花後會死？怎麼讓它不開花？

比較常見的科屬有龍舌蘭屬等多肉植物。龍舌蘭屬的植物，老的母株開花後就會萎縮死亡，只要將花莖剪掉，就會阻止開花。不過母株死亡後，在兩旁會長出新的小株，這是植株一種自然的更新。現在市面上比較流行的景天科、番杏科等多肉植物，一般不會發生開花後死亡的情況。

Q3 多肉植物生蟲害了怎麼辦？

長期擺放在室內的多肉植物，由於通風不暢等原因，最容易有蟲害的危險，常見的蟲害有介殼蟲、粉虱、紅蜘蛛等。可以用鑷子將蟲子夾出來處理掉，也可以使用殺蟲劑，如速撲殺乳劑800~1000倍液，或者40%氧化樂果乳油1000~2000倍液噴殺。

紅毛掌粉虱危害

Q4 多肉植物凍傷了怎麼辦？

首先要檢查凍傷的程度，如果整個植株正受凍腐爛呈水漬狀，那無法可救。僅是部分凍傷，仍保留有綠色的莖葉，先剪除受凍害的莖葉，擺放在通風乾燥處晾乾，待剪口乾燥後，放置稍濕潤的沙面上，讓其生根萌生小肉肉。

遭受凍害的彩雲閣

Q5 多肉植物表面柔軟乾癟怎麼辦？

一般來說由於供水和光線都不足，會導致多肉植物表面柔軟乾癟，但如果給足了陽光和水分，多肉植物還是柔軟乾癟，那就要看看是不是根部出現了問題。在乾燥環境下的無根多肉植物，其葉片也同樣會柔軟乾癟，一般來說對其葉面噴霧就可以了。

表面柔軟乾癟的玉綠，還是有希望的。

Q6 多肉植物徒長怎麼辦？

一般多肉植物徒長是由於光線不足導致的，但這也不是多肉植物徒長的全部原因，比如十二卷屬植株土壤過濕，莖葉會徒長；景天屬、青鎖龍屬、長生草屬、千里光屬等植株施肥過多，也會導致徒長；還有比如石蓮花屬的部分品種，施肥過多，同樣會引起莖葉徒長。此時應正確判斷徒長的緣由，對症下藥。若是盆土過濕導致的，減少澆水；若是施肥過多導致的，則暫停施肥；若是缺少光照導致的，則將多肉植物挪放到陽光充足的地方擺放。

徒長的雷童莖葉間距變大，應及時擺放到有充足光照的場所。

Q7 多肉植物為什麼會長氣生根？

氣生根是指地上部莖所長出的根，在原產熱帶雨林中的曇花、令箭荷花、球蘭等多肉植物是十分常見的。如果原產乾旱地區的多肉植物，如虹之玉、星乙女、錦晃星等長有氣生根，說明栽培環境的空氣濕度較高而造成，必須加強通風，以防濕度過大導致莖葉腐爛。

氣生根是週圍空氣濕潤度大於盆土濕潤度的結果。

Q8 多肉植物萎縮了怎麼回事？

萎縮的多肉植物可能是由於水澆多了。可以停一段時間，看看好沒好，過半個月，如果狀態還不好，就拿出來看看根是不是腐爛了，如果根腐爛了，就將腐爛的根剪掉，或者把萎縮的部位去掉，適當處理後還是能救活的。

大和錦葉片萎縮乾癟，需立即停止澆水並將萎縮葉片摘除。

Q9 多肉植物「穿裙子」了怎麼辦？

多肉植物「穿裙子」指葉片下翻的狀態，造成這種情況的原因主要有三個：一是光照不足，二是澆水過多，三是施肥過多。對於「穿裙子」的多肉植物，需根據具體情況採取措施。缺少光照的，增加光照時間；澆水過多的，需要控制澆水；施肥過多的，停止施肥。一般情況下，只要根系沒有腐爛，做到以上幾點，都能夠恢復。

星影「穿裙子」後需等基部老葉脫落後才能恢復，一般半個月左右。

Q10　多肉植物葉片上有瘢痕怎麼辦？

主要的原因是澆水多了，或者有水滴停留在了多肉植物身上。多肉植物一旦留下瘢痕是無法恢復的，只能等待多肉植物自己更新換葉。

Q11　多肉植物的葉子怎麼水化了？

澆水過多時，多肉植物的葉片會水化，變透明，一碰就掉。此時，首先需要將水化的葉片及時摘除，以免影響其他正常葉片。然後停止澆水，以乾燥為主，可適當向週圍噴霧，增加空氣濕度。如果化水嚴重，甚至會出現爛根現象，需要將爛根切除，放通風處，晾乾後栽入土中發根。

朧月葉片上的瘢痕都是直接對葉片澆水導致的。

Q12　如何幫助多肉植物們過冬？

絕大多數多肉植物必須在室內陽光充足的地方越冬。因此，冬季溫度較低時，將多肉植物搬入室內。但如果空氣不流通或者濕度過大，則會引起病變。為了避免這種情況，室內最好1~2天通風1次，一般情況下每2~3天透氣1次，但要避免冷風直吹。

廢舊的塑料瓶，修修剪剪就能為多肉植物過冬搭建小溫室。

Part2
新人首選的
超級多肉植物

超級好養，
多肉植物自己能生長

白牡丹

Graptoreria 'Titubans'

〔科屬〕景天科風車草屬

〔生長期〕夏季

最愛溫度：20~25℃

澆水：春秋季每週 1 次

光線：全日照

繁殖：播種、扦插

病蟲害：介殼蟲、銹病

組合建議：火祭、黃麗

盆土過濕或施肥過多，
易使白牡丹莖葉徒長。

摸透它的習性

為石蓮花屬與風車草屬的屬間雜交品種。喜陽光充足的環境，不耐寒，耐乾旱和半陰。

養護一點通

每 2 年換盆 1 次，春季進行，盆土用泥炭土、培養土和粗沙的混合土，加少量骨粉。春夏季適度澆水，秋冬季控制澆水，盆土保持乾燥。生長期每 2 個月施肥 1 次，用稀釋餅肥水，防止肥液玷污葉面。施肥不宜過多，否則會導致莖葉生長過快，影響株型。發生介殼蟲危害時可人工捕捉或用40%氧化樂果乳油1500倍液噴殺。

大肉肉生小肉肉

播種：春夏季播種繁殖，種子發芽適溫為19~24℃。

扦插：選健壯的肉質葉進行扦插，插後保持土壤稍濕潤，2~3週後可長出新芽並生根。

全年不死澆水法則

1月	2月	3月	4月	5月	6月	7月	8月	9月	10月	11月	12月
◌	◌	◌	◌	◌	💧	💧	💧	◌	◌	◌	◌

注：◌ 保持乾燥， ◌ 少量澆水， ◌ 適度澆水， ● 充分澆水， 💧 噴霧，下文同。

玉蝶

Echeveria glauca

〔科屬〕景天科石蓮花屬

〔生長期〕春秋季

俗稱「石蓮花」

摸透它的習性

原產墨西哥。喜溫暖、乾燥和陽光充足環境。不耐寒，耐乾旱和半陰，忌積水。

養護一點通

每年春季換盆，換盆時，剪除植株基部萎縮的枯葉和過長的鬍根。盆土用腐葉土或泥炭土加粗沙的混合土。生長期以乾燥為好，冬季室溫低時，也需保持乾燥。盛夏可向植株週圍噴水，增加空氣濕度。生長期每月施肥1次，用稀釋餅肥水或用「卉友」15-15-30專用肥。常有銹病，可用75%百菌清可濕性粉劑800倍液噴灑。

大肉肉生小肉肉

播種：種子成熟即播種，發芽溫度16~19℃。

分株：每年春季換盆時進行。

扦插：春末選取健壯的肉質葉或莖進行扦插。

最愛溫度：18~25℃

澆水：保持乾燥

光線：全日照

繁殖：播種、分株、扦插

病蟲害：銹病、黑象甲

組合建議：桃美人、初戀

玉蝶很容易出現群生現象。

全年不死澆水法則

1月	2月	3月	4月	5月	6月	7月	8月	9月	10月	11月	12月
◌	◌	◌	◌	◌	◌	◌	◌	◌	◌	◌	◌

火祭

Crassula capitella '
Campfire'

〔科屬〕景天科青鎖龍屬

〔生長期〕夏季

俗稱「秋火蓮」

最愛溫度：18~24℃

澆水：生長期每週1次

光線：稍耐陰

繁殖：扦插

病蟲害：炭疽病、介殼蟲

組合建議：銀波錦、銀手球

秋末冬初時，充分日照，
火祭會整株變紅。

摸透它的習性

原產非洲。喜溫暖、乾燥和半陰環境。耐乾旱，怕積水，忌強光。

養護一點通

每年早春換盆。植株生長過高時，進行修剪或摘心，壓低株形，剪下的頂端枝可用於扦插繁殖。生長期每週澆水1次，其他時間每2~3週澆水1次，保持土壤潮氣即可。盆土過濕，莖節伸長，影響植株造型。冬季處半休眠狀態，盆土保持乾燥。每月施肥1次，用稀釋餅肥水或用「卉友」15-15-30盆花專用肥。冬季不施肥。可水培，春季剪取長10~15厘米的枝條，插於水中或沙中，2~3週生根後轉入玻璃瓶中培養，注意水位不要過莖。由於肉質葉簇生枝頂，在玻璃瓶中注意固定，防止傾倒。

大肉肉生小肉肉

扦插：剪取充實的頂端莖葉，長3~4厘米，插入沙床，保持室溫18~20℃，待長出新葉時盆栽。

全年不死澆水法則

1月	2月	3月	4月	5月	6月	7月	8月	9月	10月	11月	12月
💧	💧	💧	💧	💧	💧	💧	💧	💧	💧	💧	💧

唐印

Kalanchoe thyrsiflora

〔科屬〕景天科伽藍菜屬

〔生長期〕春秋季

俗稱「牛舌洋吊鐘」

最愛溫度：15~20℃

澆水：生長期每週 1~2 次

光線：全日照

繁殖：扦插、葉插

病蟲害：葉斑病、粉蝨

組合建議：虹之玉

摸透它的習性

　　原產南非。喜溫暖、乾燥和陽光充足環境。不耐寒。耐乾旱，不耐水濕。

養護一點通

　　每年春季換盆。盆土用腐葉土、培養土和粗沙的混合土。生長期每週澆水1~2次，保持盆土濕潤，但不能積水。秋冬季氣溫下降時，減少澆水。盛夏和冬季嚴格控制澆水。冬季在明亮光照下葉片會變紅。生長期每月施肥1次，用稀釋餅肥水或用「卉友」15-15-30盆花專用肥。

大肉肉生小肉肉

　　扦插：生長期剪取成熟的頂端枝，待剪口晾乾後插入沙床，8~10天生根，再經1週後即可盆栽。

　　葉插：剪取生長充實的葉片，平鋪在沙床，噴霧保濕，插後10~15天可生根，待葉片基部長出不定芽，形成幼株時上盆。

唐印葉片容易發軟、褶皺，可以適當增加澆水量，延長日照時間。

全年不死澆水法則

1月	2月	3月	4月	5月	6月	7月	8月	9月	10月	11月	12月
💧	💧	💧	💧	💧	💦	💦	💦	💧	💧	💧	💧

大和錦

Echeveria purpusorum

〔科屬〕景天科石蓮花屬

〔生長期〕春秋季

俗稱「三角蓮座草」

最愛溫度：18~25℃

澆水：生長期每週 1 次

光線：全日照

繁殖：播種、扦插、分株

病蟲害：葉斑病、黑象甲

組合建議：虹之玉、京童子

澆水時採用擠壓式彎嘴壺，沿花盆邊緣澆水，切忌直接澆灌葉片。

摸透它的習性

原產墨西哥。喜溫暖、乾燥和陽光充足環境。不耐寒，耐乾旱和半陰。

養護一點通

每年春季換盆。換盆時，剪除植株基部萎縮的枯葉和過長的鬚根。盆土用泥炭土和粗沙的混合土，加少量骨粉。生長期每週澆水1次，盆土切忌過濕。冬季只需澆水1~2次，盆土保持乾燥。空氣乾燥時，不要向葉面噴水，只能向盆器週圍噴霧，以免葉叢中積水導致腐爛。生長期每月施肥1次，用稀釋餅肥水或用「卉友」15-15-30盆花專用肥。肥液切忌玷污葉面。

大肉肉生小肉肉

播種：種子成熟後即播，發芽適溫16~19℃。

扦插：成活率高。春末可用整個蓮座狀葉插或肉質葉片扦插。

分株：在春季分株繁殖。

全年不死澆水法則

1月	2月	3月	4月	5月	6月	7月	8月	9月	10月	11月	12月
💧	💧	💧	💧	💧	🍶	🍶	🍶	💧	💧	💧	💧

琉璃殿

Haworthia limifolia

〔科屬〕百合科十二卷屬

〔生長期〕春秋季

俗稱「旋葉鷹爪草」

摸透它的習性

　　原產南非。喜溫暖、乾燥和明亮光照環境。較耐寒，耐乾旱和半陰。不耐水濕和強光暴曬。

養護一點通

　　生長較慢，每2年換盆1次。盆土用腐葉土、培養土和粗沙的混合土，加入少量乾牛糞和骨粉。生長期保持盆土稍濕潤，切忌時乾時濕。每月施肥1次或用「卉友」15-15-30盆花專用肥。夏季高溫期生長稍緩慢，無明顯休眠現象。冬季室溫在10~12℃，仍正常生長，5℃以下停止生長。

大肉肉生小肉肉

　　分株：在春季結合換盆進行，將母株旁生的幼株分栽即可，剛盆栽澆水不宜多，以免影響根部恢復。

　　扦插：5~6月進行，剪取母株基部長出的吸芽，插於沙床，室溫18~22℃，插後20~25天可生根。

最愛溫度：18~24℃

澆水：生長期保持濕潤

光線：明亮光照

繁殖：分株、扦插

病蟲害：根腐病、介殼蟲

組合建議：紅卷絹、寶草

冬季5℃以下琉璃殿停止生長。

全年不死澆水法則

1月	2月	3月	4月	5月	6月	7月	8月	9月	10月	11月	12月
💧	💧	💧	💧	💧	💧	💧	💧	💧	💧	💧	💧

千代田之松

Pachyphytum compactum

〔科屬〕景天科厚葉草屬

〔生長期〕冬季

最愛溫度：18~25℃

澆水：每月1次

光線：全日照

繁殖：播種、扦插

病蟲害：很少發生蟲害

組合建議：火祭、錦晃星

葉片上帶有紋路，充足陽光下，紋路清晰。

摸透它的習性

原產墨西哥。喜溫暖和陽光充足環境。不耐寒，冬季不低於5℃。怕強光暴曬。

養護一點通

每2年換盆1次，春季進行。換盆時，剪除植物基部萎縮的枯葉和過長的鬚根。操作時切忌用手直接觸摸肉質葉，否則會留下指紋或出現明顯觸碰痕跡。盆土用腐葉土或泥炭土加粗沙的混合土。早春和秋季每月澆水1次，冬季停止澆水，盆土保持乾燥。盆土不宜過濕，否則肉質葉徒長，或容易腐爛。生長期每月施肥1次，用稀釋餅肥水或用「卉友」15-15-30盆花專用肥。施薄肥為好。冬季放在陽光充足處越冬。

大肉肉生小肉肉

播種：春季播種，發芽適溫19~24℃。

扦插：春夏季取莖或葉片扦插繁殖。

全年不死澆水法則

1月	2月	3月	4月	5月	6月	7月	8月	9月	10月	11月	12月
💧	💧	💧	💧	💧	💧	💧	💧	💧	💧	💧	💧

雅樂之舞

Portulacaria afra
'Foliisvariegata'

〔科屬〕馬齒莧科馬齒莧屬

〔生長期〕夏季

俗稱「斑葉馬齒莧樹」

摸透它的習性

馬齒莧樹的斑錦品種。喜溫暖和明亮光照。耐乾旱，不耐寒，冬季溫度不低於10℃。

養護一點通

每年春季換盆。換盆時，剪除過長和過密的莖節，保持莖葉分布勻稱。盆土用腐葉土、肥沃園土和粗沙的混合土，加少量的過磷酸鈣。生長期盆土保持濕潤，但要求排水好。夏季高溫時，注意控制澆水和保持良好通風。可向盆器週圍噴霧，增加空氣濕度。冬季減少澆水，盆土保持稍乾燥。每2個月施肥1次，用稀釋餅肥水或「卉友」15-15-30盆花專用肥。

大肉肉生小肉肉

扦插：春季或秋季剪取半成熟枝，長8~10厘米，插於沙床，約3週後可生根，4週後上盆。

最愛溫度：21~24℃

澆水：生長期保持濕潤

光線：明亮光照

繁殖：扦插

病蟲害：銹病、介殼蟲

組合建議：姬朧月、花月錦

過分缺水或通風不好，會引起葉片枯黃脫落。

全年不死澆水法則

1月	2月	3月	4月	5月	6月	7月	8月	9月	10月	11月	12月
💧	💧	💧	💧	💧	🔉	🔉	🔉	💧	💧	💧	💧

卷絹

Sempervivum
arachnoideum

〔科屬〕景天科長生草屬

〔生長期〕夏季

俗稱「蛛網長生草」

最愛溫度：18~22℃

澆水：少澆水

光線：全日照

繁殖：播種、扦插

病蟲害：葉斑病、粉蝨

組合建議：五十鈴玉

切勿對着卷絹中心澆水，
否則會導致網狀物消失，
影響觀賞價值。

摸透它的習性

原產歐洲。喜溫暖、乾燥和陽光充足環境。不耐嚴寒，耐乾旱和半陰，忌水濕。

養護一點通

每2年換盆1次。盆土用腐葉土和粗沙的混合土，加少量骨粉。生長期盆土保持稍濕潤，若過濕則葉片生長過快，影響觀賞效果。冬季室溫低，盆土以稍乾燥為好。每月施肥1次，用稀釋餅肥水或用「卉友」15-15-30盆花專用肥。施肥過多易引起葉片徒長，植株容易老化。

大肉肉生小肉肉

播種：春季室內盆播，播後不需覆土，篩一層石英砂，發芽適溫20~22℃，播後10~12天發芽，幼苗生長慢。

扦插：春秋季剪取葉盤基部的小芽插入沙床，插後2~3週生根，再經2週後移栽上盆。有的小葉盤下已有根，可直接盆栽。

全年不死澆水法則

1月	2月	3月	4月	5月	6月	7月	8月	9月	10月	11月	12月
💧	💧	💧	💧	💧	💧	💧	💧	💧	💧	💧	💧

條紋十二卷

Haworthia fasciata

〔科屬〕百合科十二卷屬

〔生長期〕春秋季

俗稱「錦雞尾」

摸透它的習性

原產南非。喜溫暖、乾燥和明亮光照。不耐寒，耐半陰和乾旱，怕水濕和強光。

養護一點通

每年4~5月換盆時，剪除植株基部萎縮的枯葉和過長的鬚根。盆栽以淺栽為好，盆土用腐葉土和粗沙的混合土。生長期保持盆土稍濕潤。空氣過於乾燥時，可噴水增加濕度。冬季和盛夏半休眠期，保持乾燥，嚴格控制澆水。每月施肥1次，用稀釋餅肥水或用「卉友」15-15-30盆花專用肥。使用液肥時，不要玷污葉片。

大肉肉生小肉肉

扦插：5~6月將肉質葉片輕輕切下，基部帶上半木質化部分，稍晾乾後，插入沙床，20~25天生根。

分株：全年可進行，4~5月換盆時把母株旁生的幼株剝下，直接盆栽。

最愛溫度：10~22℃

澆水：生長期保持濕潤

光線：明亮光照

繁殖：扦插、分株

病蟲害：根腐病、粉蝨

組合建議：屋卷絹、子寶

夏季遮陰，但不能光線過弱，否則會導致葉片萎縮、乾癟。

全年不死澆水法則

1月	2月	3月	4月	5月	6月	7月	8月	9月	10月	11月	12月
💧	💧	💧	💧	💧	💧	💧	💧	💧	💧	💧	💧

魯氏石蓮

Echeveria runyonii

〔科屬〕景天科石蓮花屬

〔生長期〕夏季

最愛溫度：18~25℃

澆水：生長期每週 1 次

光線：全日照

繁殖：播種

病蟲害：葉斑病、根結線蟲

組合建議：黃麗、虹之玉

2 年以上的魯氏石蓮會長出木質化、長杆狀老樁。

摸透它的習性

原產墨西哥。喜溫暖、乾燥和陽光充足環境。不耐寒，耐半陰和乾旱，忌積水。

養護一點通

每年春季換盆。盆土用泥炭土和粗沙的混合土，加少量骨粉。生長期每週澆水1次，盆土切忌過濕。冬季只需澆水1~2次，盆土保持乾燥。生長期每月施肥1次，用稀釋餅肥水或用「卉友」15-15-30盆花專用肥。肥液切忌沾污葉面。適合擺放在陽光充足的窗臺或陽臺養護，夏季適當遮陰，冬季必須擺放溫暖、陽光充足處越冬。可用水培栽培，剪取一段頂莖或一片葉片，插於河沙中，待長出白色新根後再水培。春秋季水中加營養液，夏季和冬季用清水即可。

大肉肉生小肉肉

播種：種子成熟後即播，發芽適溫16~19℃，播後2~3週發芽。

全年不死澆水法則

1月	2月	3月	4月	5月	6月	7月	8月	9月	10月	11月	12月

銘月

Sedum nussbaumerianum

〔科屬〕景天科景天屬

〔生長期〕冬季

俗稱「黃玉蓮」

摸透它的習性

原產墨西哥。喜溫暖和陽光充足的環境，耐半陰，也耐乾旱。光照充足時葉片會變金黃色。

養護一點通

每2~3年換盆1次，春季進行。盆土用肥沃園土和粗沙的混合土，加少量骨粉。生長期盆土保持稍濕潤。夏季處於半休眠狀態，盆土保持稍乾燥。冬季澆水根據室溫高低而定。全年施肥2~3次，用稀釋餅肥水或用「卉友」15-15-30盆花專用肥。過多施肥會造成葉片疏散、柔軟，姿態欠佳。發生炭疽病危害時，用50%托布津可濕性粉劑500倍液噴灑。

大肉肉生小肉肉

扦插：全年都可扦插，以春秋季扦插效果最好。剪取頂端枝，長5~7厘米，稍晾乾後插入沙床，插後3~4週生根。

最愛溫度：18~25℃

澆水：生長期適度澆水

光線：全日照

繁殖：扦插

病蟲害：炭疽病、介殼蟲

組合建議：虹之玉、乙女心

不同的養護條件，會讓銘月變為不同的顏色。光照充足時葉片會變成金黃色。

全年不死澆水法則

1月	2月	3月	4月	5月	6月	7月	8月	9月	10月	11月	12月
◇	◇	◇	◇	◇	◇	◇	◇	◇	◇	◇	◇

玉露

Haworthia cooperi

〔科屬〕百合科十二卷屬

〔生長期〕春秋季

俗稱「綠玉杯」

最愛溫度：18~22℃

澆水：盛夏少澆水

光線：明亮光照

繁殖：播種、分株、扦插

病蟲害：根腐病、炭疽病

組合建議：火祭、虹之玉

用塑料杯將玉露罩蓋上，放陽光散射處養護，玉露更水靈。

摸透它的習性

原產南非。喜溫暖、乾燥和明亮光照的環境。不耐寒，怕高溫和強光，不耐水濕。

養護一點通

每年春季換盆，清理葉盤下萎縮的枯葉和過長的鬚根。盆土用泥炭土、培養土和粗沙的混合土，加少量骨粉。生長期盆土保持稍濕潤，夏季高溫時植株處半休眠狀態，適當遮陰，少澆水，盆土保持稍乾燥。秋季葉片恢復生長時，盆土保持稍濕潤。冬季嚴格控制澆水。生長期每月施肥1次，用稀釋餅肥水或用「卉友」15-15-30盆花專用肥。

大肉肉生小肉肉

播種：春季採用室內盆播，發芽適溫21~24℃，播後2週發芽。

分株：全年均可進行，常在春季4~5月換盆時，把母株週圍幼株分離，盆栽即可。

扦插：在5~6月進行，以葉插為主。將葉片剪下，稍乾燥後扦插。

全年不死澆水法則

1月	2月	3月	4月	5月	6月	7月	8月	9月	10月	11月	12月
💧	💧	💧	💧	💧	💧	💧	💧	💧	💧	💧	💧

藍石蓮
Echeveria peacockii

〔科屬〕景天科石蓮花屬

〔生長期〕春秋季

俗稱「皮氏石蓮花」

摸透它的習性

原產墨西哥。喜溫暖、乾燥和陽光充足環境。不耐寒，耐半陰和乾旱。

養護一點通

每年春季換盆。盆土用泥炭土和粗沙的混合土，加少量骨粉。生長期每週澆水1次，盆土切忌過濕。冬季只需澆水1~2次，盆土保持乾燥。空氣乾燥時，不要向葉面噴水，只能向盆器週圍噴霧，以免葉叢中積水導致腐爛。生長期每月施肥1次，用稀釋餅肥水或用「卉友」15-15-30盆花專用肥。肥液切忌玷污葉面。可以用水培栽培，剪取一段頂莖，插於河沙中，待長出白色新根後再水培。春秋季水中加營養液，夏季和冬季用清水即可。

大肉肉生小肉肉

扦插：春末剪取成熟葉片扦插，剪口要平，乾燥後插於或平放沙床，插後20天左右生根。

分株：在春季換盆時進行分株繁殖。

最愛溫度：18~25℃

澆水：生長期每週1次

光線：全日照

繁殖：扦插、分株

病蟲害：銹病、黑象甲

組合建議：靜夜、紫珍珠

藍石蓮「穿裙子」後，只有等老葉片脫落後，再充分日照才能恢復。

全年不死澆水法則

1月	2月	3月	4月	5月	6月	7月	8月	9月	10月	11月	12月
💧	💧	💧	💧	💧	💧	💧	💧	💧	💧	💧	💧

超好繁殖，生出一堆小肉肉

黑王子

Echeveria 'Black Prince'

〔科屬〕景天科石蓮花屬

〔生長期〕春秋季

最愛溫度：18~25℃

澆水：生長期每週 1 次

光線：全日照

繁殖：播種、扦插、分株

病蟲害：葉斑病、黑象甲

組合建議：白佛甲、小松波

黑王子在充分光照下，
葉色會變得越加黑。

摸透它的習性

為石蓮花的栽培品種。喜溫暖、乾燥和陽光充足環境。不耐寒，耐半陰和乾旱。

養護一點通

夏季須適當遮陰，冬季須擺放溫暖、陽光充足處越冬，且保持盆土乾燥，水分過多根部易腐爛，變成無根植株。生長期每週澆水 1 次，盆土切忌過濕。冬季只需澆水 1~2 次，盆土保持乾燥。空氣乾燥時，不要向葉面噴水，只能向盆器週圍噴霧。也可水培，剪取一段頂莖，插於河沙中，待長出白色新根後再水培。水培時不需整個根系入水，可留一部分根系在水面上，這樣對石蓮花生長更有利。春秋季水中加營養液，夏季和冬季用清水即可。

大肉肉生小肉肉

播種：種子成熟後即播，發芽適溫16~19℃，播後2~3週發芽。扦插：春末剪取成熟葉片扦插。分株：如果母株基部萌發有子株，可在春季分株繁殖。

全年不死澆水法則

1月	2月	3月	4月	5月	6月	7月	8月	9月	10月	11月	12月
💧	💧	💧	💧	💧	💧	💧	💧	💧	💧	💧	💧

子寶錦

Gasteria gracilis var. minima 'Variegata'

〔科屬〕百合科沙魚掌屬

〔生長期〕春秋季

摸透它的習性

　　為子寶的斑錦品種。喜溫暖、乾燥和陽光充足環境。不耐寒,耐乾旱和半陰,怕水濕和強光。

養護一點通

　　每2~3年春季換盆1次,盆土用腐葉土和粗沙的混合土。生長期盆土保持稍乾燥為好,葉面可多噴水。夏季休眠期,少澆水,多噴霧。其他時間每月澆水1次,冬季盆土保持乾燥。生長期每月施肥1次,用稀釋餅肥水或「卉友」15-15-30盆花專用肥。強光時稍遮陰,否則在強光下會影響斑錦的清晰度。

大肉肉生小肉肉

　　播種:春季播種,發芽適溫19~24℃,播後10~12天發芽。苗期盆土保持稍乾燥,半年後移栽上盆。

　　葉插:生長期將舌狀葉切下,晾乾後插入沙床,2~3週生根。

　　分株:春季換盆時進行,將母株旁生的蘗枝切下進行分株繁殖。

最愛溫度:13~21℃

澆水:生長期每週1次

光線:全日照

繁殖:播種、葉插、分株

病蟲害:葉斑病、銹病

組合建議:星美人、藍鳥

春季換盆時,將母株旁生的蘗枝切下,直接盆栽即可等。

全年不死澆水法則

1月	2月	3月	4月	5月	6月	7月	8月	9月	10月	11月	12月
💧	💧	💧	💧	💧	💧	💧	💧	💧	💧	💧	💧

虹之玉

Sedum rubrotinctum

〔科屬〕景天科景天屬

〔生長期〕冬季

俗稱「耳墜草」
「聖誕快樂」

最愛溫度：13~18℃

澆水：生長期適度澆水

光線：全日照

繁殖：播種、扦插

病蟲害：葉斑病、蚜蟲

組合建議：筒葉花月、火祭

虹之玉雖容易掉葉子，但掉下的葉子很快就能長出新植株。

摸透它的習性

原產墨西哥。喜溫暖和陽光充足的環境。稍耐寒，怕水濕，耐乾旱和強光。葉片中綠色，頂端淡紅褐色，陽光下轉紅褐色。

養護一點通

春季換盆，盆土用肥沃園土和粗沙的混合土，加入少量腐葉土和骨粉。同時對莖葉適當修剪。夏季高溫強光時，適當遮陰，肉質葉呈亮綠色。但遮陰時間不宜過長，否則莖葉柔嫩，易倒伏。秋季可置於陽光充足處，葉片由綠轉紅。冬季室溫維持在10℃最好，減少澆水，盆土保持稍乾燥。

大肉肉生小肉肉

播種：在2~5月進行，採用室內盆播，發芽適溫為18~21℃，播後12~15天發芽。

扦插：全年皆可進行，極易成活，以春秋季為好，剪取頂端葉片緊湊的短枝進行扦插。

全年不死澆水法則

1月	2月	3月	4月	5月	6月	7月	8月	9月	10月	11月	12月
○	○	○	○	○	○	○	○	○	○	○	○

黃麗
Sedum adolphi

〔科屬〕景天科景天屬

〔生長期〕冬季

俗稱「金景天」

摸透它的習性

原產墨西哥。喜溫暖、乾燥和陽光充足的環境。耐半陰，忌強光暴曬和積水。適度的光照下，葉片中綠色，葉尖黃色。

養護一點通

夏季強光時須遮陰，防止暴曬。春秋季在適宜的光照和較高的溫差下，葉片呈亮黃色，甚至葉尖出現淡紅色。生長季節適度澆水，冬季每月澆水1次，保持稍濕潤。夏季高溫時處半休眠狀態，此時應保持略乾燥。生長期每月施肥1次。多年生長的老株可作造型盆栽。

大肉肉生小肉肉

扦插：全年可進行，以春秋季為好。剪取頂端枝，長5~7厘米，稍晾乾後插入沙床，插後3~4週生根。

葉插：取中下部成熟葉片扦插，約3週生根，待長出幼株後盆栽。

分株：春季換盆時進行分株繁殖。

最愛溫度：18~25℃

澆水：生長期適度澆水

光線：全日照

繁殖：扦插、葉插、分株

病蟲害：白絹病、介殼蟲

組合建議：魯氏石蓮花

葉插時，將掰下的葉子平躺於乾燥土面，放明亮通風處，少澆水，2~3週長出不定芽。

全年不死澆水法則

1月	2月	3月	4月	5月	6月	7月	8月	9月	10月	11月	12月
💧	💧	💧	💧	💧	💧	💧	💧	💧	💧	💧	💧

大葉
不死鳥

Kalanchoe daigremontiana

〔科屬〕景天科伽藍菜屬

〔生長期〕春秋季

俗稱「大葉落地生根」
「花蝴蝶」

最愛溫度：15~20℃

澆水：生長期每週1~2次

光線：全日照

繁殖：播種、扦插、不定芽

病蟲害：白粉病、蚜蟲

組合建議：紫珍珠、虹之玉

大葉不死鳥每個鈍齒之間
都可以產生新的小苗，落
地即成一新植株。

摸透它的習性

原產於馬達加斯加。喜溫暖、濕潤和陽光充足環境。不耐
寒，耐乾旱和半陰。

養護一點通

每年春季更新換盆，保持優美株態。盆栽可用腐葉土和粗
沙各半的混合土。生長期每週澆水1~2次，保持盆土濕潤，但
不能積水。秋冬氣溫下降，減少澆水。冬季開花，嚴格控制澆
水，但不能忘記澆水。生長期每月施肥1次，用稀釋餅肥水或
用「卉友」15-15-30盆花專用肥。平常少搬動，以防葉邊「小蝴
蝶」掉落。

大肉肉生小肉肉

播種：早春播種，發芽溫度18~21℃。

扦插：生長期剪取成熟的頂端枝，待剪口晾乾後插入沙
床，8~10天生根，再經1週後即可盆栽。

不定芽：將葉緣生長的較大不定芽剝下直接盆栽。

全年不死澆水法則

1月	2月	3月	4月	5月	6月	7月	8月	9月	10月	11月	12月
💧	💧	💧	💧	💧	💦	💦	💦	💧	💧	💧	💧

初戀

Echeveria 'Huthspinke'

〔科屬〕景天科石蓮花屬

〔生長期〕夏季

俗稱「藍粉石蓮」

摸透它的習性

為石蓮花屬的栽培品種。喜溫暖、乾燥和陽光充足環境。不耐寒，耐乾旱和半陰。

養護一點通

每年春季換盆。盆土用泥炭土和粗沙的混合土，加少量骨粉。生長期每週澆水1次，盆土切忌過濕。冬季只需澆水1~2次，盆土保持乾燥。生長期每月施肥1次，用稀釋餅肥水或用「卉友」15-15-30盆花專用肥。生長期擺放於陽光充足處和溫差較大時，葉片容易變紅。可水培栽培，剪取一段頂莖，插於河沙中，待長出白色新根後再水培。春秋季水中加營養液，夏季和冬季用清水即可。

大肉肉生小肉肉

葉插：春末剪取成熟葉片扦插，插於沙床，約3週後生根，長出幼株後上盆。注意剪口要平，並待剪口乾燥後再插。

最愛溫度：18~25℃

澆水：生長期每週1次

光線：全日照

繁殖：葉插

病蟲害：銹病、根結線蟲

組合建議：桃美人、菁之塔

可以砍頭繁殖，在植株三分之一處剪切，切口要平滑，實現一株變兩株。

全年不死澆水法則

1月	2月	3月	4月	5月	6月	7月	8月	9月	10月	11月	12月
💧	💧	💧	💧	💧	🌫	🌫	🌫	💧	💧	💧	💧

白鳳

Echeveria 'Baifeng'

〔科屬〕景天科石蓮花屬

〔生長期〕夏季

最愛溫度：18~25℃

澆水：生長期每週1次

光線：全日照

繁殖：播種、扦插、分株

病蟲害：銹病、根結線蟲

組合建議：黑王子、卷絹

開花後要將花莖剪去，以免佔用養分。

摸透它的習性

為石蓮花屬的栽培品種。喜溫暖、乾燥和陽光充足環境。不耐寒，忌積水。

養護一點通

每年春季換盆，盆土用泥炭土和粗沙的混合土。生長期盆土不宜過濕，每週澆水1次。冬季只需澆水1~2次，盆土保持乾燥。空氣乾燥時，可向植株週圍噴水，增加空氣濕度。生長期每月施肥1次，用稀釋餅肥水或用「卉友」15-15-30盆花專用肥。肥液切忌玷污葉面。陽光充足和溫差大的環境下，葉片前端會變成紅色。

大肉肉生小肉肉

播種：種子成熟後即播，發芽適溫16~19℃。扦插：春末剪取成熟葉片扦插，插於沙床，約3週後生根，長出幼株後上盆。注意剪口要平，並待剪口乾燥後再插。

分株：如果母株基部萌發有子株，可在春季分株繁殖。

全年不死澆水法則

1月	2月	3月	4月	5月	6月	7月	8月	9月	10月	11月	12月

星美人

Pachyphytum oviferum

〔科屬〕景天科厚葉草屬

〔生長期〕冬季

俗稱「厚葉草」

摸透它的習性

原產墨西哥。喜溫暖和陽光充足環境。耐半陰，不耐寒，怕強光暴曬。

養護一點通

每2年換盆1次，春季進行。換盆時，剪除植物基部萎縮的枯葉和過長的鬚根。操作時切忌用手觸摸肉質葉，否則會留下指紋或出現明顯觸碰痕跡。盆土用腐葉土或泥炭土加粗沙的混合土。早春和秋季每月澆水1次，冬季停止澆水，盆土保持乾燥。若盆土過濕，肉質葉易徒長或容易腐爛。生長期每月施肥1次，用稀釋餅肥水或用「卉友」15-15-30盆花專用肥。冬季放在陽光充足處越冬。莖幹木質化的老株適合造型盆栽觀賞。

大肉肉生小肉肉

播種：春季播種，發芽適溫19~24℃。

扦插：春夏季取莖或葉片扦插繁殖。

最愛溫度：18~25℃
澆水：春秋季每月1次
光線：全日照
繁殖：播種、扦插
病蟲害：很少發生蟲害
組合建議：火祭錦、千佛手

春季，健康的母株旁會生長出許多幼株。

全年不死澆水法則

◊	◊	◊	◊	◊	◊	◊	◊	◊	◊	◊	◊
1月	2月	3月	4月	5月	6月	7月	8月	9月	10月	11月	12月

花月錦

*Crassula argentea
'Variegata'*

〔科屬〕景天科青鎖龍屬

〔生長期〕夏季

俗稱「黃金花月」

最愛溫度：18~24℃

澆水：生長期每週 1 次

光線：全日照

繁殖：扦插、葉插

病蟲害：炭疽病、介殼蟲

組合建議：紫珍珠、虹之玉

栽培中注意修剪整形，除去影響株型美觀的枝葉。

摸透它的習性

為花月的斑錦品種。喜溫暖、乾燥和陽光充足環境。不耐寒，耐乾旱。怕積水，忌強光。

養護一點通

每年早春換盆。植株生長過高時，進行修剪或摘心，壓低株形。盆土用肥沃園土和粗沙的混合土，加少量骨粉。生長期每週澆水1次，保持盆土稍濕潤。其他時間每2~3週澆水1次。澆水不宜多，否則導致徒長，影響株態和葉色。每月施肥1次，用稀釋餅肥水或「卉友」15-15-30盆花專用肥，冬季不施肥。夏季高溫強光時適當遮陰。春秋季在光照充足和溫差大時，葉片邊緣變紅色。

大肉肉生小肉肉

扦插：剪取頂端充實枝條，長3~4厘米，插入沙床，保持室溫18~20℃，待長出新葉時盆栽。

葉插：剪取成熟、充實葉片，擺放在潮濕的沙面上，待長出新枝後盆栽。

全年不死澆水法則

1月	2月	3月	4月	5月	6月	7月	8月	9月	10月	11月	12月
💧	💧	💧	💧	💧	💧	💧	💧	💧	💧	💧	💧

不夜城
Aloe mitriformis

〔科屬〕百合科蘆薈屬

〔生長期〕冬季

俗稱「大翠盤」
「高尚蘆薈」

最愛溫度：15~25℃

澆水：生長期保持濕潤

光線：全日照

繁殖：分株、扦插

病蟲害：灰霉病、粉虱

組合建議：青珊瑚、銀手球

摸透它的習性

原產南非。喜溫暖、乾燥和陽光充足環境。不耐寒，耐乾旱和半陰，忌強光和水濕。

養護一點通

每年早春換盆。剛栽時少澆水，生長期澆水可多些，盆土保持濕潤，天氣乾燥時可向葉面噴水，但盆土不宜過濕。夏季溫度過高時會進入休眠期，應控制澆水。冬季減少澆水，盆土保持乾燥。生長期每半月施肥1次，或用「卉友」15-15-30盆花專用肥。防止雨淋，注意水、肥玷污葉片或流入葉腋中，導致發黃腐爛。

大肉肉生小肉肉

分株：3~4月將母株週圍密生的幼株分開栽植，如幼株帶根少或無根，可先插於沙床，生根後再盆栽。

扦插：5~6月花後進行，剪取頂端短莖10~15厘米，待剪口晾乾後再插入沙床，澆水不宜多，插後2週左右生根。

雨淋後，葉片容易發黃腐爛。

全年不死澆水法則

1月	2月	3月	4月	5月	6月	7月	8月	9月	10月	11月	12月
💧	💧	💧	💧	💧	💧	💧	💧	💧	💧	💧	💧

八千代

Sedum pachyphyllum

〔科屬〕景天科景天屬

〔生長期〕冬季

俗稱「厚葉景天」

最愛溫度：18~25℃

澆水：生長期適度澆水

光線：全日照

繁殖：播種、扦插

病蟲害：炭疽病、介殼蟲

組合建議：錦晃星

乙女心

八千代

乙女心白色偏綠，有霜，溫差大時，葉頂端變紅；偏綠而細，溫差大時，葉偏黃，頂端有紅色小斑點。

摸透它的習性

原產墨西哥。喜溫暖、乾燥和陽光充足的環境，不耐寒、怕水濕和強光暴曬，耐半陰。

養護一點通

耐乾旱，剛栽後澆水不宜多，以稍乾燥為宜。生長期盆土保持稍濕潤。夏季處於半休眠狀態，盆土保持稍乾燥。冬季澆水根據室溫高低而定。秋季天氣稍微涼爽時，可施肥1~2次或用「卉友」15-15-30盆花專用肥，但要控制施肥量，避免植株徒長，引起莖部伸展過快和葉片柔弱。成型盆栽要少搬動，以防止碰傷脫落，3~4年後需重新扦插更新。

大肉肉生小肉肉

播種：在4~5月進行，種子細小，播後不覆土，發芽適溫為18~24℃，播後7~10天發芽。

扦插：全年可進行，以春秋季為好。剪取充實飽滿葉片，長5~7厘米頂枝進行扦插。

全年不死澆水法則

1月	2月	3月	4月	5月	6月	7月	8月	9月	10月	11月	12月
💧	💧	💧	💧	💧	💧	💧	💧	💧	💧	💧	💧

超易爆盆，養出成就感

唐扇
Aloinopsis schooneesii

〔科屬〕番杏科菱鮫屬
〔生長期〕春秋季

摸透它的習性

原產南非。喜溫暖、乾燥和陽光充足環境。怕高溫、多濕，不耐寒，耐乾旱。

養護一點通

生長期適度澆水，冬季保持乾燥。生長期每2~3週施肥1次。夏季高溫時，植株處於休眠或半休眠狀態，生長緩慢或完全停滯，宜放在通風良好處養護，勿施肥，適當遮光，避免烈日曝曬，並控制澆水，防止因悶熱、潮濕而造成植株腐爛。冬季放在室內陽光充足的地方，溫度不低於10℃，並有一定的晝夜溫差時，可正常澆水，使植株繼續生長。

大肉肉生小肉肉

播種：早春播種，發芽溫度21℃。葉插：春末或初夏進行，剪取生長充實的葉片，平鋪在沙床，插後10~15天生根。

最愛溫度：10~20℃

澆水：生長期適度澆水

光線：全日照

繁殖：播種、葉插

病蟲害：介殼蟲

組合建議：鹿角海棠、銀星

夏季高溫時，可在唐扇旁邊放個小風扇，幫助通風。

全年不死澆水法則

1月	2月	3月	4月	5月	6月	7月	8月	9月	10月	11月	12月
💧	💧	💧	💧	💧	💧	💧	💧	💧	💧	💧	💧

茜之塔

Crassula capitella

〔科屬〕景天科青鎖龍屬

〔生長期〕冬季

俗稱「綠塔」

最愛溫度：18~24℃

澆水：生長期每週1次

光線：全日照

繁殖：播種、扦插、分株

病蟲害：葉斑病、介殼蟲

組合建議：初戀、熊童子

株形奇特，葉片排列齊整，由基部向上逐漸變小，酷似一座小寶塔。

摸透它的習性

原產南非。喜溫暖、乾燥和陽光充足環境。不耐寒，耐乾旱和半陰。怕強光暴曬和水濕。

養護一點通

春秋季保持盆土濕潤，每週澆水1次。每半月施肥1次或用「卉友」15-15-30盆花專用肥。但施肥量不宜過多，以免莖葉徒長，莖節伸長，嚴重影響觀賞價值。夏季高溫強光時適當遮陰，但時間不能長，否則影響葉色和光澤。冬季室溫維持10~12℃，可繼續生長。

大肉肉生小肉肉

播種：4~5月室內盆播，發芽適溫20~22℃，播後10~12天發芽，幼苗生長較快。

扦插：5~6月進行，剪取頂端充實枝條，插入沙床，插後15~21天生根。

分株：春季換盆時進行，將莖葉生長密集的加以掰開，每盆栽3~4枝一叢為好。

全年不死澆水法則

1月	2月	3月	4月	5月	6月	7月	8月	9月	10月	11月	12月
💧	💧	💧	💧	💧	💧	💧	💧	💧	💧	💧	💧

子持年華

Orostachys furusei

〔科屬〕景天科瓦松屬

〔生長期〕夏季

俗稱「千手觀音」
「白蔓蓮」

摸透它的習性

原產東南亞。喜溫暖、乾燥和陽光充足環境。不耐寒，冬季溫度不低於5℃。耐半陰和乾旱，怕水濕和強光。

養護一點通

剛買回的盆栽植株擺放在有紗簾的窗臺，不要擺放在陰蔽、通風差的場所。每年春季換盆。盆土用腐葉土、培養土和粗沙的混合土，加少量骨粉。春季至秋季適度澆水，冬季保持乾燥。夏季溫度高於40℃須停止澆水。較喜肥，生長期每月施肥1次。發現少量介殼蟲時可捕捉滅殺，量多時用50%氧化樂果乳油1000倍液噴殺。

大肉肉生小肉肉

播種：種子成熟後即播，發芽適溫13~18℃。

分株：春季分株繁殖，可結合換盆進行。

最愛溫度：20~25℃
澆水：春秋季適度澆水
光線：全日照
繁殖：播種、分株
病蟲害：介殼蟲
組合建議：虹之玉、玉吊鐘

開花後會整株死亡，因此發現花苞時立即剪去。

全年不死澆水法則

💧	💧	💧	💧	💧	💧	💧	💧	💧	💧	💧	💧
1月	2月	3月	4月	5月	6月	7月	8月	9月	10月	11月	12月

重扇

Tradescantia navicularis

〔科屬〕鴨跖草科水竹草屬

〔生長期〕夏季

俗稱「疊葉草」

最愛溫度：18~23℃

澆水：生長期盆土保持濕潤

光線：全日照

繁殖：分株、扦插

病蟲害：葉枯病、介殼蟲

組合建議：月兔耳、新玉綴

重扇適合擺放在有明亮光照的地方。

摸透它的習性

原產墨西哥東北部。喜溫暖、濕潤和陽光充足環境，不耐寒，耐半陰和乾旱。

養護一點通

剛買回來的植株擺放在通風和有明亮光照的場所，多向葉面噴霧，切忌空氣乾燥和陽光暴曬。春季3~4月換盆，換盆時剪除枯葉和長莖，可用直徑12~15厘米的盆。盆土用腐葉土、培養土和粗沙的混合土，加少量骨粉。生長期盆土保持濕潤，冬季盆土稍乾燥。生長期每月施肥1次，但量不宜多。有時發生葉枯病，發病初期用波爾多液噴灑2~3次。發生介殼蟲危害時，可用40%氧化樂果乳油1000倍液噴殺。

大肉肉生小肉肉

分株：春季結合換盆進行分株繁殖，將密集擁擠的莖葉從盆內托出，每盆栽3~4株。

扦插：5~9月進行，剪取折疊短莖，長7~8厘米，插於沙床，插後10~15天生根，1週後盆栽。

全年不死澆水法則

1月	2月	3月	4月	5月	6月	7月	8月	9月	10月	11月	12月
💧	💧	💧	💧	💧	💧	💧	💧	💧	💧	💧	💧

注：「重」讀重疊的重，不是輕重的重。

若綠

Crassula lycopodioides var.
pseudolycopodioides

〔科屬〕景天科青鎖龍屬

〔生長期〕夏季

俗稱「青鎖龍」
「鼠尾景天」

摸透它的習性

原產非洲南部。喜溫暖、乾燥和明亮光照環境。不耐寒，耐乾旱和半陰，怕積水，忌強光。

養護一點通

每年早春換盆，盆土用腐葉土、培養土和粗沙的混合土，加少量骨粉。生長期每週澆水1次，其他時間每2~3週澆水1次，保持土壤潮氣即可。冬季處半休眠狀態，盆土保持乾燥。每月施肥1次，用稀釋餅肥水或用「卉友」15-15-30盆花專用肥。冬季不施肥。室內通風差時，莖葉易受紅蜘蛛危害，發生時可用40%氧化樂果乳油1000倍液噴殺。

大肉肉生小肉肉

扦插：以春秋季進行生根快，成活率高。選取較整齊、鱗片狀排列緊密的枝條，剪成12~15厘米長，插於沙床，室溫21~24℃，插後20~25天生根，1週後上盆。

最愛溫度：18~24℃

澆水：生長期每週1次

光線：明亮光照

繁殖：扦插

病蟲害：褐斑病、紅蜘蛛

組合建議：屋卷絹、京童子

瘋長前　　瘋長後

春秋季若綠會瘋狂生長，可大量澆水。

全年不死澆水法則

1月	2月	3月	4月	5月	6月	7月	8月	9月	10月	11月	12月
💧	💧	💧	💧	💧	💧	💧	💧	💧	💧	💧	💧

斧葉椒草

Peperomia dolabriformis

〔科屬〕胡椒科椒草屬

〔生長期〕春秋季

最愛溫度：15~25℃

澆水：生長期充分澆水

光線：明亮光照

繁殖：播種、扦插

病蟲害：葉斑病、介殼蟲

組合建議：唐印、花月錦

冬季溫度低於5℃時，斷水。

摸透它的習性

原產秘魯。喜溫暖和明亮光照的環境。不耐寒，冬季溫度不低於5℃。耐乾旱和半陰。

養護一點通

剛買回來的盆栽植株，擺放在有紗簾的窗臺，避開陽光直射。每年春季換盆，修剪過密或重疊的葉片。盆土用腐葉土、培養土和河沙的混合土。生長期充分澆水，冬季保持乾燥。生長期每3~4週施低氮素肥1次，肥液不能觸及葉面。易發生葉斑病，可用波爾多液噴灑預防。當室內通風不暢，易遭受介殼蟲危害，用氧化樂果乳油1000倍液噴殺。

大肉肉生小肉肉

播種：種子成熟採後即播種，發芽適溫19~24℃，播後10天左右發芽。

扦插：初夏取莖插於沙床，約2~3週後生根，長成苗株後上盆。

全年不死澆水法則

1月	2月	3月	4月	5月	6月	7月	8月	9月	10月	11月	12月
◌	◌	◌	◌	◌	◌	◌	◌	◌	◌	◌	◌

姬星美人

Sedum dasyphyllum

〔科屬〕景天科景天屬

〔生長期〕冬季

俗稱「英國景天」

摸透它的習性

原產西亞及北非。喜溫暖、乾燥和陽光充足的環境，不耐寒，怕水濕和強光暴曬，耐半陰。

養護一點通

生長期適度澆水，盆土保持稍濕潤。夏季處於半休眠狀態，盆土保持稍乾燥。冬季澆水根據室溫高低而定。秋季天氣稍微涼爽時可施肥1~2次或用「卉友」15-15-30盆花專用肥，但要控制施肥量，避免植株徒長，引起莖部伸展過快和葉片柔弱。在光照充足、溫差較大的春秋季，葉片呈粉色。2~3年後需重新扦插更新。

大肉肉生小肉肉

扦插：全年可進行，以春秋季為好。生長期剪取一小叢健壯、充實的莖葉，長3~4厘米頂枝直接盆栽或進行扦插，成活率高。

最愛溫度：	18~25℃
澆水：	生長期適度澆水
光線：	全日照
繁殖：	扦插
病蟲害：	炭疽病
組合建議：	黃麗、千佛手

發生倒伏的姬星美人，需增加光照，減少澆水，才能逐漸恢復。

全年不死澆水法則

1月	2月	3月	4月	5月	6月	7月	8月	9月	10月	11月	12月
💧	💧	💧	💧	💧	💧	💧	💧	💧	💧	💧	💧

絨針

Crassula mesembryanthoides

〔科屬〕景天科青鎖龍屬

〔生長期〕春秋季

最愛溫度：18~24℃

澆水：生長期每週 1 次

光線：全日照

繁殖：扦插

病蟲害：炭疽病

組合建議：屋卷絹、黑王子

絨針生長過高時，進行摘心或修剪，壓低株形。

摸透它的習性

原產南非。喜溫暖、乾燥和光照充足環境。耐乾旱和半陰，怕積水，忌強光。

養護一點通

每年早春換盆。植株生長過高時，進行修剪或摘心，壓低株形，剪下的頂端枝用於扦插繁殖。生長期每週澆水 1 次，其他時間每 2~3 週澆水 1 次。夏季高溫休眠時和冬季處半休眠狀態，盆土保持乾燥。每月施肥 1 次，用稀釋餅肥水或用「卉友」15-15-30 盆花專用肥，冬季不施肥。春秋季光照充足和溫差大時，葉色會變紅。可用水培栽培，春季剪取長 10~15 厘米的枝條，插於水中或沙中，2~3 週生根後轉入玻璃瓶中培養。

大肉肉生小肉肉

扦插：剪取充實的頂端莖葉，長 3~4 厘米，插入沙床，保持室溫 18~20℃，2 週後生根上盆。

全年不死澆水法則

1月	2月	3月	4月	5月	6月	7月	8月	9月	10月	11月	12月
💧	💧	💧	💧	💧	💧	💧	💧	💧	💧	💧	💧

薄雪萬年草

Sedum hispanicum

〔科屬〕景天科景天屬

〔生長期〕冬季

俗稱「礒小松」

摸透它的習性

原產南亞至中亞。喜溫暖、乾燥和陽光充足的環境，怕水濕和強光暴曬，耐半陰。

養護一點通

每年春季換盆時，對生長過密植株進行疏剪，栽培2~3年後需重新扦插更新。生長期盆土保持稍濕潤。夏季處於半休眠狀態，盆土保持稍乾燥。冬季澆水根據室溫高低而定。全年施肥2~3次，用稀釋餅肥水或用「卉友」15-15-30盆花專用肥。過多施肥會造成葉片疏散、柔軟，姿態欠佳。秋季在光照充足和溫差大時，葉片轉變為粉紅色。

大肉肉生小肉肉

扦插：全年可進行，以春秋季為好。剪取頂端枝一小叢，長4~5厘米，直接盆栽或插入沙床，成活率較高，盆栽4~5週後就能莖葉滿盆。

最愛溫度：18~25℃

澆水：生長期適度澆水

光線：全日照

繁殖：扦插

病蟲害：白絹病、介殼蟲

組合建議：屋卷絹、大和錦

充分日照，生長期保持盆土稍濕潤，就能自然生長爆滿整個盆。

全年不死澆水法則

1月	2月	3月	4月	5月	6月	7月	8月	9月	10月	11月	12月
💧	💧	💧	💧	💧	💧	💧	💧	💧	💧	💧	💧

綠之鈴

Senecio rowleyanus

〔科屬〕菊科千里光屬

〔生長期〕春秋季

俗稱「翡翠珠」
「念珠掌」

最愛溫度：15~22℃

澆水：生長期稍濕潤

光線：全日照

繁殖：扦插

病蟲害：莖腐病、蚜蟲

組合建議：新玉綴、佛甲草

綠之鈴　　大弦月城

綠之鈴的葉圓如念珠，直徑1厘米，有微尖的刺狀凸起，淡綠色，有一條透明縱線；大弦月城的葉卵圓形，頭尖，淡灰綠色，表面有數條透明縱線。

摸透它的習性

原產非洲。喜溫暖、乾燥和陽光充足環境。不耐寒，耐半陰和乾旱，忌水濕和高溫。

養護一點通

屬淺根性植物，盆栽土用腐葉土或泥炭土、肥沃園土和粗沙的等量混合土。夏季高溫進入半休眠狀態，以涼爽環境或適當遮陰為好，嚴格控制肥水，寧乾勿濕。生長期土壤可稍濕潤。每月施肥1次，或用「卉友」15-15-30盆花專用肥。冬季搬放室內窗臺處養護。

大肉肉生小肉肉

扦插：以春秋季進行為好，將充實健壯的莖段剪下，長8~10厘米，頂端莖部更好。平鋪在沙床上，插條基部稍輕壓一下或斜插於沙床中，稍澆水保持濕潤，室溫保持15~22℃，插後10~15天，從莖節處生根，隨後長出新葉，即可上盆。

全年不死澆水法則

1月	2月	3月	4月	5月	6月	7月	8月	9月	10月	11月	12月
◊	◊	◊	◊	◊	◊	◊	◊	◊	◊	◊	◊

大弦月城

Senecio herreianus

〔科屬〕菊科千里光屬

〔生長期〕春秋季

俗稱「京童子」
　　　「亥利仙年蒻」

最愛溫度：15~22℃

澆水：生長期稍濕潤

光線：全日照

繁殖：扦插

病蟲害：白粉病、根腐病

組合建議：黑法師、銀星

摸透它的習性

　　原產非洲。喜溫暖、乾燥和陽光充足環境。不耐寒，耐半陰和乾旱，忌水濕和高溫。

養護一點通

　　每3~4年換盆1次，春季進行。盆土用腐葉土或泥炭土、肥沃園土和粗沙的混合土。生長期土壤保持稍濕潤。夏季進入半休眠狀態，嚴格控水，寧乾勿濕。每月施肥1次，用稀釋餅肥水或用「卉友」15-15-30盆花專用肥。切忌肥液玷污肉質葉片。空氣濕度大和通風不暢時，會發生白粉病和根腐病危害，發生初期用200單位農用鏈黴素粉劑1000倍液噴灑。

大肉肉生小肉肉

　　扦插：以春秋季進行為好，將充實健壯的莖段剪下，平鋪在沙床上，室溫保持15~22℃，插後10~15天，從莖節處生根，隨後長出新葉，即可上盆。

夏季切忌澆水過多，否則很容易爛根死亡。

全年不死澆水法則

1月	2月	3月	4月	5月	6月	7月	8月	9月	10月	11月	12月
💧	💧	💧	💧	💧	💧	💧	💧	💧	💧	💧	💧

好看而特別，愛上你的多肉植物

特玉蓮

Echeveria runyonii
'TopsyTurvy'

〔科屬〕景天科石蓮花屬

〔生長期〕夏季

俗稱「特葉玉蝶」

最愛溫度：18~25℃

澆水：生長期每週 1 次

光線：全日照

繁殖：扦插、分株

病蟲害：銹病、根結線蟲

組合建議：吉娃蓮、霜之朝

特玉蓮

月影

黑王子

特玉蓮葉片形狀獨特，葉緣向下反捲，似船形，先端有一小尖；其他石蓮花屬的葉子多呈卵圓形、匙形。

摸透它的習性

為魯氏石蓮花的栽培品種。喜溫暖、乾燥和陽光充足環境。不耐寒，耐乾旱和半陰。

養護一點通

每年春季換盆。換盆時，剪除植株基部萎縮的枯葉和過長的鬚根。盆土用泥炭土和粗沙的混合土。生長期盆土不宜過濕，每週澆水 1 次。冬季只需澆水 1~2 次，盆土保持乾燥。空氣乾燥時，可向植株週圍噴水，增加空氣濕度。生長期每月施肥 1 次，用稀釋餅肥水或用「卉友」15-15-30 盆花專用肥。夏季適當遮陰，冬季需擺放溫暖、陽光充足處過冬。

大肉肉生小肉肉

扦插：春末剪取成熟葉片扦插，插於沙床，約3週後生根，長出幼株後上盆。注意剪口要平，並待剪口乾燥後再插。

分株：如果母株基部萌發有子株，可在春季分株繁殖。

全年不死澆水法則

1月	2月	3月	4月	5月	6月	7月	8月	9月	10月	11月	12月

愛之蔓

Ceropegia woodii

〔科屬〕蘿藦科吊燈花屬

〔生長期〕夏季

俗稱「吊金錢」
　　　「一寸心」

摸透它的習性

原產南非。喜溫暖、乾燥和陽光充足的環境。不耐寒，冬季溫度不低於10℃。

養護一點通

每年春季換盆，整理修剪地上部莖葉，加入肥沃園土、粗沙和少量腐葉土的混合土壤。生長期需充足陽光和水分，每月施肥1次，或用「卉友」15-15-30盆花專用肥。夏季高溫時，植株暫處半休眠態，適當遮陰，停止施肥，減少澆水。秋季可保持盆土濕潤和充足養分，冬季溫度10~12℃最佳，減少澆水，每3週澆1次即可。

大肉肉生小肉肉

播種：早春用室內盆播，發芽適溫19~24℃，播後2~3週發芽。

扦插：初夏剪取帶節的莖蔓扦插，每段帶有3~4個節，摘除末端葉片插進沙床，注意不要顛倒上下兩端，1個月後莖蔓生根，並長出新芽。分株：春秋季剝下葉腋的小塊莖直接盆栽。

最愛溫度：18~25℃

澆水：生長期保持濕潤

光線：全日照

繁殖：播種、扦插、分株

病蟲害：葉斑病、粉虱

組合建議：唐印、紫珍珠

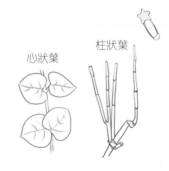

心狀葉　　柱狀葉

葉形似「心」，兩兩對生，有「心心相印」的花語；吊燈花屬除心狀葉外還有細柱狀葉片。

全年不死澆水法則

1月	2月	3月	4月	5月	6月	7月	8月	9月	10月	11月	12月
💧	💧	💧	💧	💧	💧	💧	💧	💧	💧	💧	💧

熊童子

Cotyledon tomentosa

〔科屬〕景天科銀波錦屬

〔生長期〕春秋季

俗稱「毛葉銀波錦」

最愛溫度：18~24℃

澆水：生長期每2週1次

光線：全日照

繁殖：播種、扦插

病蟲害：葉斑病、介殼蟲

組合建議：生石花、桃美人

日照過少，胖胖的熊「爪子」會變得細長，不飽滿。

摸透它的習性

原產南非。喜溫暖、乾燥和陽光充足環境。不耐寒，夏季需涼爽。耐乾旱，怕水濕和強光暴曬。

養護一點通

每年春季換盆。株高15厘米時，須摘心，促使分枝。當植株生長過高時需修剪，壓低株形。4~5年後應重新扦插更新。生長期每2週澆水1次，保持盆土稍濕潤。夏季高溫時向植株週圍噴霧。冬季進入休眠期，盆土保持乾燥。每月施肥1次，用稀釋餅肥水或用「卉友」15-15-30盆花專用肥。若光照不足，肥水過多，都會引起莖節伸長。

大肉肉生小肉肉

播種：3~4月室內盆播，發芽適溫為20~22℃，播後12~14天發芽，幼苗生長快。

扦插：春秋季剪取充實的頂端枝，長5~7厘米，插於沙床，插後2~3週生根，成活率高。也可用單葉扦插，但成長稍慢。

全年不死澆水法則

1月	2月	3月	4月	5月	6月	7月	8月	9月	10月	11月	12月
💧	💧	💧	💧	💧	💧	💧	💧	💧	💧	💧	💧

月兔耳

Kalanchoe tomemtosa

〔科屬〕景天科伽藍菜屬

〔生長期〕春秋季

俗稱「褐斑伽藍菜」

最愛溫度：18~22℃

澆水：生長期每週1次

光線：全日照

繁殖：扦插、葉插

病蟲害：介殼蟲、粉虱

組合建議：錦晃星、紫珍珠

摸透它的習性

原產於馬達加斯加。喜溫暖、乾燥和陽光充足環境。不耐寒。耐乾旱，不耐水濕。

養護一點通

每年春季更新換盆，盆土用腐葉土和粗沙各半的混合土。生長期每週澆水1次，夏季高溫時向植株週圍噴霧，秋季減少澆水，冬季保持乾燥。生長期每月施肥1次，用稀釋餅肥水或用「卉友」15-15-30盆花專用肥。室內通風差，易發生介殼蟲和粉虱危害，可用40%氧化樂果乳油1000倍液噴殺。

大肉肉生小肉肉

扦插：生長期剪取成熟的頂端枝，長5~7厘米，待剪口晾乾後插入沙床，15~20天生根，再經1週後即可盆栽。

葉插：剪取生長充實的葉片，平鋪在沙床，噴霧保濕，插後20~25天可生根，待葉片基部長出不定芽，形成幼株時上盆。

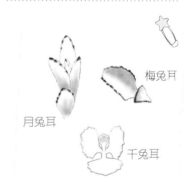

梅兔耳

月兔耳

千兔耳

葉形似兔耳，陽光充足時，葉緣會出現褐色斑紋；還有梅兔耳、千兔耳等。

全年不死澆水法則

1月	2月	3月	4月	5月	6月	7月	8月	9月	10月	11月	12月
💧	💧	💧	💧	💧	💦	💦	💦	💧	💧	💧	💧

月光

Crassula barbata

〔科屬〕景天科青鎖龍屬

〔生長期〕冬季

最愛溫度：18~24℃

澆水：生長期每週1次

光線：稍耐陰

繁殖：扦插

病蟲害：粉虱

組合建議：虹之玉、黃麗

月光

象牙塔

絨針

葉緣生着白色綿毛，屬多肉植物中的精品；青鎖龍屬中帶有絨毛的多肉植物大都是葉片密披白色絨毛。

摸透它的習性

原產非洲。喜溫暖、乾燥和半陰環境。耐乾旱，怕積水，忌強光。

養護一點通

每年早春換盆，盆栽土用腐葉土、培養土和粗沙的混合土，加入少量骨粉。生長期每週澆水1次，其他時間每2~3週澆水1次。冬季盆土保持稍乾燥。每月施肥1次，用稀釋餅肥水或用「卉友」15-15-30盆花專用肥。室內通風差時，易受粉虱危害，可用50%螟松乳油1500倍液噴殺。

大肉肉生小肉肉

扦插：在生長期進行，以春秋季為好，選取葉片充實，帶一短莖切下，晾乾後插於沙床，插壤溫度20~22℃，插後15~20天生根。也可用截頂扦插，將頂端帶4~5片葉處切下，晾乾後插於沙床，約20~25天愈合後生根。

全年不死澆水法則

1月	2月	3月	4月	5月	6月	7月	8月	9月	10月	11月	12月
💧	💧	💧	💧	💧	💧	💧	💧	💧	💧	💧	💧

吉娃蓮

Echeveria chihuahuaensis

〔科屬〕景天科石蓮花屬

〔生長期〕春秋季

俗稱「吉娃娃」
「楊貴妃」

最愛溫度：	18~25℃
澆水：	生長期每2週1次
光線：	全日照
繁殖：	播種、扦插
病蟲害：	銹病、黑象甲
組合建議：	卷絹、特玉蓮

摸透它的習性

原產墨西哥。喜溫暖、乾燥和陽光充足環境。不耐寒，耐乾旱和半陰，忌水濕。

養護一點通

每年春季換盆。換盆時，剪除植株基部萎縮的枯葉和過長的鬚根。生長期每2週澆水1次，盆土切忌過濕。冬季只需澆水1~2次，盆土保持乾燥。生長期每月施肥1次，用稀釋餅肥水或用「卉友」15-15-30盆花專用肥。夏季午間遮陰，冬季需擺放溫暖、陽光充足處過冬。發生銹病時，可用75%百菌清可濕性粉劑800倍液噴灑防治。

大肉肉生小肉肉

播種：種子成熟後即播，發芽適溫16~19℃。

扦插：春末剪取成熟充實葉片，插於沙床，約3週後生根，長出幼株後上盆。注意剪口要平，並待剪口乾燥後再插。也可採用莖頂扦插。

吉娃蓮

充足光照下，吉娃蓮葉尖變紅。

全年不死澆水法則

1月	2月	3月	4月	5月	6月	7月	8月	9月	10月	11月	12月
○	○	○	○	○	○	○	○	○	○	○	○

花月夜
Echeveria pulidonis

〔科屬〕景天科石蓮花屬

〔生長期〕夏季

俗稱「筱邊石蓮花」

最愛溫度：18~25℃

澆水：生長期每 2 週 1 次

光線：全日照

繁殖：播種、扦插

病蟲害：銹病、根結線蟲

組合建議：靜夜、吉娃蓮

水培時不需要整個根系入水，可以留一部分根系在水面，更有利於生長。

摸透它的習性

原產墨西哥。喜溫暖、乾燥和陽光充足環境。不耐寒，耐乾旱和半陰。

養護一點通

每年春季換盆。盆土用泥炭土和粗沙的混合土，加少量骨粉。生長期每2週澆水1次，盆土切忌過濕。冬季只需澆水1~2次，盆土保持乾燥。空氣乾燥時，不要向葉面噴水，只能向盆器週圍噴霧，以免葉叢中積水導致腐爛。生長期每月施肥1次，用稀釋餅肥水或用「卉友」15-15-30盆花專用肥。肥液切忌玷污葉面。

大肉肉生小肉肉

播種：種子成熟後即播，發芽適溫16~19℃。

扦插：春末剪取成熟葉片，插於沙床，約3週後生根，長出幼株後上盆。也可採用頂莖扦插，留下基部葉盤，可以萌發更多子株。

全年不死澆水法則

1月	2月	3月	4月	5月	6月	7月	8月	9月	10月	11月	12月
💧	💧	💧	💧	💧	💧	💧	💧	💧	💧	💧	💧

春夢殿錦

Anacampseros
telephiastrum 'Variegata'

〔科屬〕馬齒莧科回歡草屬

〔生長期〕夏季

俗稱「吹雪之松錦」

摸透它的習性

吹雪之松的斑錦品種。喜溫暖、乾燥和陽光充足環境。不耐寒，耐乾旱和半陰，忌水濕和強光。

養護一點通

每年春季換盆。屬淺根性肉質植物，澆水多了或者盆土排水不暢，根部易受濕腐爛，立即重新扦插才能救活。天氣乾燥時向花盆週圍噴霧，不要向葉面噴水。冬季室溫低，盆土保持乾燥。每月施肥1次，用稀釋餅肥水或用「卉友」15-15-30盆花專用肥。

大肉肉生小肉肉

播種：4~5月採用室內盆播，發芽室溫為20~25℃，播後15~21天發芽，幼苗生長較快。

扦插：5~6月進行，剪取健壯、肥厚的頂端莖葉，長3~4厘米，約7~8片，稍晾乾後插於沙床，土壤保持稍乾燥，插後21~27天生根。

最愛溫度：18~25℃

澆水：生長期每2週1次

光線：全日照

繁殖：播種、扦插

病蟲害：炭疽病、粉蝨

組合建議：紫牡丹、黃麗

春夢殿錦

紅花粉錦

銀蠶

春夢殿錦隨着生長，葉腋間會有蛛絲網狀的白絲毛纏繞，頗具觀賞價值；其他回歡草屬：紅花韌錦、銀蠶。

全年不死澆水法則

1月	2月	3月	4月	5月	6月	7月	8月	9月	10月	11月	12月
🌢	🌢	🌢	🌢	🌢	🌢	🌢	🌢	🌢	🌢	🌢	🌢

霜之朝

Echeveria simonoasa

〔科屬〕景天科石蓮花屬

〔生長期〕夏季

最愛溫度：18~25℃

澆水：生長期每 2 週 1 次

光線：全日照

繁殖：扦插

病蟲害：鏽病、根結線蟲

組合建議：黃麗、新玉綴

葉片上的白粉會讓霜之朝
格外美麗，不要經常碰觸
留下難看痕跡。

摸透它的習性

原產墨西哥。喜溫暖、乾燥和陽光充足環境。不耐寒，耐乾旱和半陰。

養護一點通

春秋季生長迅速，須控制澆水，每2週澆水1次，盆土切忌過濕，以防止徒長。冬季只需澆水1~2次，盆土保持乾燥。澆水時不要向葉片和葉心噴灑。生長期每月施肥1次，用稀釋餅肥水或用「卉友」15-15-30盆花專用肥。肥液切忌玷污葉面。發生根結線蟲時，可用3%呋喃丹顆粒劑防治。

大肉肉生小肉肉

扦插：春末剪取成熟葉片扦插，插於沙床，約3週後生根，長出幼株後上盆。注意剪口要平，並待剪口乾燥後再插。也可採用莖頂扦插，留下葉盤，可繼續萌生更多子株。

全年不死澆水法則

1月	2月	3月	4月	5月	6月	7月	8月	9月	10月	11月	12月
💧	💧	💧	💧	💧	💧	💧	💧	💧	💧	💧	💧

銀星
Graptoveria 'Silver Star'

〔科屬〕景天科風車草屬

〔生長期〕夏季

摸透它的習性

風車草屬和石蓮花屬的屬間雜種。喜溫暖、乾燥和陽光充足環境。不耐寒，耐乾旱和半陰。

養護一點通

每年春季換盆，盆土用泥炭土、培養土和粗沙的混合土，加少量骨粉。春夏季生長期，盆土保持濕潤。每月施肥1次，或「卉友」15-15-30盆花專用肥。夏季休眠時，停止施肥，盆土稍乾燥。春夏開花，從蓮座狀葉盤中心抽出花葶，花後葉盤逐漸枯萎死亡。為保護葉盤，要及時剪除去抽薹。

大肉肉生小肉肉

扦插：全年可進行，以春、秋季為宜。插穗可用蓮座狀頂枝，插入沙床，保持室溫20~24℃，插後15~20天生根。也可用成熟的葉片，平臥或斜插於沙床，插後10天左右生根。

最愛溫度：18~24℃

澆水：生長期每週1次

光線：全日照

繁殖：扦插

病蟲害：銹病、黑象甲

組合建議：紅卷絹、紫珍珠

銀星

朧月

藍豆

銀星葉尖帶尾，明顯區別於其他風車草屬。

全年不死澆水法則

1月	2月	3月	4月	5月	6月	7月	8月	9月	10月	11月	12月
🜄	🜄	🜄	🜄	🜄	🜄	🜄	🜄	🜄	🜄	🜄	🜄

卡梅奧

Echeveria 'Cameo'

〔科屬〕景天科石蓮花屬

〔生長期〕春秋季

最愛溫度：18~25℃

澆水：生長期每週 1 次

光線：全日照

繁殖：扦插、分株

病蟲害：銹病、根結線蟲

組合建議：火祭、特玉蓮

澆水時切忌直接澆灌葉面，儘量澆到盆土中。

摸透它的習性

為石蓮花屬的栽培品種。喜溫暖、乾燥和陽光充足環境。不耐寒，耐乾旱，怕水濕。

養護一點通

每年春季換盆，盆土用泥炭土和粗沙的混合土，加少量骨粉。生長期盆土不宜過濕，每週澆水1次。冬季只需澆水1~2次，盆土保持乾燥。空氣乾燥時，可向植株週圍噴水，增加空氣濕度。不能向葉面和葉心澆灌，否則葉片極易腐爛。生長期每月施肥1次，用稀釋餅肥水或用「卉友」15-15-30盆花專用肥。陽光充足和溫差增大時，葉片會變成紅色。

大肉肉生小肉肉

扦插：春末剪取成熟葉片扦插，插於沙床，約3週後生根，長出幼株後上盆。注意剪口要平，並待剪口乾燥後再插。

分株：如果母株基部萌發有子株，可在春季分株繁殖。

全年不死澆水法則

1月	2月	3月	4月	5月	6月	7月	8月	9月	10月	11月	12月
💧	💧	💧	💧	💧	💧	💧	💧	💧	💧	💧	💧

黑法師

Aeonium arboreum var.
atropurpureum

〔科屬〕景天科蓮花掌屬

〔生長期〕冬季

摸透它的習性

原產摩洛哥。喜溫暖、乾燥和陽光充足環境。不耐寒，耐乾旱和半陰，怕高溫和多濕，忌強光。

養護一點通

每年早春換盆。春季換盆時，剪除植株基部枯葉和過長的鬚根。盆土用腐葉土、培養土和粗沙的混合土，加少量骨粉。生長期每2週澆水1次，保持盆土有潮氣即可，若盆土過濕，莖葉易徒長。夏季高溫處休眠狀態和冬季室溫低時，澆水不宜多，盆土保持稍濕潤。每月施肥1次，用稀釋餅肥水或用「卉友」15-15-30盆花專用肥。若施肥過多，會引起葉片徒長，植株容易老化。盛夏保持半陰。冬季要求光線充足，植株有向光性，定期轉動盆向，以免株體發生彎曲。

大肉肉生小肉肉

扦插：母株週圍旁生的子株可剪下用於扦插。插後約3~4週生根，扦插成活率高，成苗快。

最愛溫度：20~25℃

澆水：生長期每2週1次

光線：明亮光照

繁殖：扦插

病蟲害：葉斑病、黑象甲

組合建議：絨針、曲水扇

陽光充足，通風良好的環境下，春季黑法師會自然生長成多頭。

全年不死澆水法則

1月	2月	3月	4月	5月	6月	7月	8月	9月	10月	11月	12月
💧	💧	💧	💧	💧	💧	💦	💦	💧	💧	💧	💧

玉吊鐘

Kalanchoe fedtschenkoi
'Rosy Dawn'

〔科屬〕景天科伽藍菜屬

〔生長期〕夏季

俗稱「變葉景天」

最愛溫度：15~20℃

澆水：生長期每週 1~2 次

光線：全日照

繁殖：扦插

病蟲害：褐斑病、粉蝨

組合建議：小球玫瑰、黃麗

春秋季溫度在 10~20℃，
且日照充足時，玉吊鐘會
變粉紅色。

摸透它的習性

原產馬達加斯加。喜溫暖、乾燥和陽光充足環境。耐乾旱，怕水濕。冬季不低於10℃。

養護一點通

每年春季換盆，換盆時修剪植株。盆土用腐葉土、營養土和粗沙的混合土。盆栽後放陽光下栽培，如長期在遮陰處，則莖葉易徒長，節間不緊湊，葉片暗淡無光澤。生長期盆土濕度不宜太大，每週澆水1次。生長期每月施肥1次或用「卉友」15-15-30盆花專用肥。若肥水過多，植株節間拉長，葉片柔軟，容易患病。

大肉肉生小肉肉

扦插：全年均可進行，以春秋季為宜。剪取成熟的頂端枝條扦插，插後7~10天生根。

全年不死澆水法則

1月	2月	3月	4月	5月	6月	7月	8月	9月	10月	11月	12月
💧	💧	💧	💧	💧	💧	💧	💧	💧	💧	💧	💧

快刀亂麻

Rhombophyllum nelii

〔科屬〕番杏科快刀亂麻屬
〔生長期〕冬季

摸透它的習性

原產南非。喜溫暖、乾燥和陽光充足環境。不耐寒,耐乾旱和半陰。

養護一點通

每1~2年換盆1次,在春季進行。盆栽用泥炭土、粗沙的混合土,加入少量骨粉。生長期適度澆水,夏季在空氣濕度低時需適度澆水,冬季保持乾燥。生長期每月施氮素肥1次。整個花期容易受到蚜蟲危害,可用50%滅蚜威2000倍液噴殺。預防葉斑病,可噴灑65%代森錳鋅可濕性粉劑600倍液。

大肉肉生小肉肉

播種:春季播種,發芽溫度19~24℃。
扦插:生長期剪取帶葉的分枝進行扦插,插穗晾1~2天乾燥後,插入沙床,否則易腐爛。插後插壤保持稍濕潤即可。

最愛溫度:	18~24℃
澆水:	生長期每週1次
光線:	全日照
繁殖:	播種、扦插
病蟲害:	葉斑病、蚜蟲
組合建議:	照波、白佛甲

開花期,需要增加澆水量,否則花朵會很快凋謝。

全年不死澆水法則

1月	2月	3月	4月	5月	6月	7月	8月	9月	10月	11月	12月
△	△	△	△	△	△	△	△	△	△	△	△

多肉植物開花，看著就會充滿愛

福壽玉
Lithops eberlanzii

〔科屬〕番杏科生石花屬

〔生長期〕冬季

最愛溫度：15~25℃

澆水：生長期每 3 週 1 次

光線：全日照

繁殖：播種、扦插

病蟲害：葉腐病、根結線蟲

組合建議：熊童子、虹之玉

一般在春天，福壽玉會出現蛻皮現象。此時注意控水。

摸透它的習性

　　原產南非。喜溫暖、乾燥和陽光充足環境，不耐寒，耐乾旱和半陰，怕水濕和強光。

養護一點通

　　每2年換盆1次，盆土用腐葉土、培養土和粗沙的混合土，加少量乾牛糞。生長期盆土保持濕潤，夏季高溫強光時適當遮陰，少澆水。秋涼後盆土保持稍濕潤。冬季盆土保持稍乾燥。生長期每半月施肥1次，用稀釋餅肥水或用「卉友」15-15-30盆花專用肥。秋季花後暫停施肥。福壽玉根系少而淺，週圍擺放卵石，既美觀又起支撐作用。

大肉肉生小肉肉

　　播種：常在春季或初夏室內盆播，發芽適溫19~24℃，播後7~10天發芽，幼苗生長特別遲緩，澆水必須謹慎，幼苗養護要細心，喜冬暖夏涼氣候。實生苗需2~3年才能開花。

　　扦插：初夏選取充實的球狀葉扦插，插後3~4週生根，待長出新的球狀葉後移栽。

全年不死澆水法則

1月	2月	3月	4月	5月	6月	7月	8月	9月	10月	11月	12月
⬚	⬚	⬚	⬚	⬚	⬚	⬚	⬚	⬚	⬚	⬚	⬚

空蟬

Conophytum regale

〔科屬〕番杏科肉錐花屬
〔生長期〕冬季

摸透它的習性

原產納米比亞至南非。喜溫暖、低濕和陽光充足環境，夏季怕高溫多濕。不耐寒。

養護一點通

每2年換盆1次，栽植時宜淺不宜深。生長期盆土保持稍濕潤。夏季高溫強光時少澆水，秋涼後盆土保持稍濕潤，冬季盆土保持稍乾燥。生長期每月施肥1次，用稀釋餅肥水或用「卉友」15-15-30盆花專用肥。春季新葉生長期，避開陽光暴曬，盆土忌過濕。

大肉肉生小肉肉

播種：4~5月或9~10月室內盆播，發芽適溫為18~24℃，播後10天左右發芽。

扦插：在5~6月進行，選取充實的肉質球葉，從頂部切開，稍晾乾後插入沙床，室溫20~22℃，插後14~17天可生根。

分株：3年生以上的植株，春季結合換盆，進行分株繁殖。

最愛溫度：17~25℃

澆水：生長期保持稍濕潤

光線：明亮光照

繁殖：播種、扦插、分株

病蟲害：葉腐病、根結線蟲

組合建議：生石花、肉錐花

肉錐花屬

生石花屬

肉錐花屬與生石花屬常容易混淆，其最大區別在於肉錐花形狀多樣，葉片中間有小口，而生石花屬葉形多為卵狀或錐狀，一條縫隙將葉片分為兩部分。

全年不死澆水法則

1月	2月	3月	4月	5月	6月	7月	8月	9月	10月	11月	12月
💧	💧	💧	💧	💧	💧	💧	💧	💧	💧	💧	💧

長壽花

Kalanchoe blossfeldiana

〔科屬〕景天科伽藍菜屬

〔生長期〕夏季

俗稱「壽星花」
　　「好運花」

最愛溫度：15~25℃

澆水：生長期每週 1~2 次

光線：全日照

繁殖：扦插

病蟲害：葉斑病、介殼蟲

組合建議：黃麗、虹之玉

室內溫度偏低，會使長壽花
只長花苞，而推遲開花。

摸透它的習性

　　原產馬達加斯加。喜溫暖、稍濕潤和陽光充足環境。耐乾旱，怕高溫，耐半陰，怕水濕。

養護一點通

　　每年春季花後換盆，盆土用肥沃園土、泥炭和沙的混合土。生長期每週澆水1~2次，盆土不宜過濕。盛夏要控制澆水，注意通風。若高溫多濕，葉片易枯黃脫落。生長期每半月施肥1次，用腐熟餅肥水，或「卉友」15-15-30盆花專用肥。秋季形成花芽，應補施1~2次磷鉀肥。花謝後及時剪除殘花，有利於繼續開花。

大肉肉生小肉肉

　　扦插：在5~6月或9~10月為宜。剪取稍成熟的肉質莖，長5~6厘米，插入沙床，保持較高空氣濕度，插後2~3週生根，4~5週盆栽。

全年不死澆水法則

1月	2月	3月	4月	5月	6月	7月	8月	9月	10月	11月	12月
◌	◌	◌	◌	◌	◌	◌	◌	◌	◌	◌	◌

錦晃星

Echeveria pulvinata

〔科屬〕景天科石蓮花屬

〔生長期〕夏季

俗稱「絨毛掌」
　　　「白閃星」

摸透它的習性

　　原產墨西哥。喜溫暖、乾燥和陽光充足環境。不耐寒，耐乾旱和半陰，忌積水。

養護一點通

　　每年春季換盆。換盆時，剪除植株基部萎縮的枯葉和過長的鬚根。生長期每2週澆水1次，盆土切忌過濕。冬季只需澆水1~2次，盆土保持乾燥。空氣乾燥時，不要向葉面噴水，只能向盆器週圍噴霧，以免葉叢中積水導致腐爛。生長期每月施肥1次，用稀釋餅肥水或用「卉友」15-15-30盆花專用肥。肥液切忌玷污葉面。

大肉肉生小肉肉

　　扦插：春末剪取成熟葉片扦插，插於沙床，約3週後生根，長出幼株後上盆。也可用蓮座狀莖頂扦插。

　　分株：如果母株基部萌發有子株，可在春季分株繁殖。

最愛溫度：18~25℃

澆水：生長期每2週1次

光線：全日照

繁殖：扦插、分株

病蟲害：葉斑病、黑象甲

組合建議：虹之玉、銀手球

全株密生毛茸茸的絨毛，容易沾染灰塵，可用小刷子掃去。

全年不死澆水法則

1月	2月	3月	4月	5月	6月	7月	8月	9月	10月	11月	12月
💧	💧	💧	💧	💧	🌢	🌢	🌢	💧	💧	💧	💧

荒波

Faucaria tuberculosa

〔科屬〕番杏科肉黃菊屬

〔生長期〕春秋季

最愛溫度：18~24℃

澆水：生長期每2週1次

光線：明亮光照

繁殖：分株、播種

病蟲害：葉斑病、介殼蟲

組合建議：白佛甲、錦晃星

在花盆表面鋪一層深色的小礫石，可有助提高盆土溫度，促進秋季開花。

摸透它的習性

原產南非。喜溫暖、乾燥和陽光充足環境。不耐寒，耐乾旱，忌水濕和強光。

養護一點通

每年春季花後換盆。換盆時，剪除植株基部萎縮的枯葉。生長期每2週澆水1次，盆土保持稍濕潤。空氣乾燥時，可噴水增加濕度。澆水時不能浸濕葉片基部。冬季每6週澆水1次，盆土保持乾燥。生長期每月施肥1次，用稀釋餅肥水或用「卉友」15-15-30盆花專用肥。夏季高溫時處於半休眠狀態，須遮陰和通風，停止施肥。

大肉肉生小肉肉

分株：4~5月結合換盆進行，從基部切開，將帶根的植株直接盆栽；無根植株可先插於沙床，待生根後再盆栽。

播種：4~5月採用室內盆播，發芽適溫為22~24℃。

全年不死澆水法則

1月	2月	3月	4月	5月	6月	7月	8月	9月	10月	11月	12月
◌	◌	◌	◌	◌	◌	◌	◌	◌	◌	◌	◌

白花韌錦

Anacampseros alstonii 'alstonii'

〔科屬〕馬齒莧科回歡草屬

〔生長期〕夏季

俗稱「阿氏加歡草」

最愛溫度：	20~25℃
澆水：	生長期每2週1次
光線：	全日照
繁殖：	播種、扦插
病蟲害：	炭疽病、介殼蟲
組合建議：	江戶紫、星美人

摸透它的習性

原產南非。喜溫暖、乾燥和陽光充足環境。不耐寒,耐乾旱和半陰,忌水濕和強光。

養護一點通

每年春季換盆。夏季高溫強光時,應適當遮陰。肉質莖基部膨大,呈塊莖狀,澆水不宜多,盆土要求排水好,保持稍乾燥。天氣乾燥時向花盆週圍噴霧,不要向莖葉噴水。冬季室溫低,盆土保持乾燥。每月施肥1次,用稀釋餅肥水或用「卉友」15-15-30盆花專用肥。

大肉肉生小肉肉

播種:4~5月採用室內盆播,發芽室溫為20~25℃,播後15~21天發芽。

扦插:5~6月進行,剪取健壯的頂端莖,長3~4厘米,稍晾乾後插於沙床,土壤保持稍乾燥,插後21~27天生根。

其細小的枝條與根狀莖相映成趣,像一條條舞動的銀蛇,花朵壽命很短,每朵花從綻放到閉合不到2個小時。

全年不死澆水法則

1月	2月	3月	4月	5月	6月	7月	8月	9月	10月	11月	12月
💧	💧	💧	💧	💧	💦	💦	💦	💧	💧	💧	💧

星球

Astrophytum asterias

〔科屬〕仙人掌科星球屬

〔生長期〕夏季

俗稱「星冠」
「星兜」

最愛溫度：18~25℃

澆水：生長期每 2 週 1 次

光線：全日照

繁殖：播種、嫁接

病蟲害：灰霉病、紅蜘蛛

組合建議：生石花、黃麗

星球根系較淺，盆栽時球體不宜栽植過深。

摸透它的習性

原產墨西哥北部和美國南部。喜溫暖、乾燥和陽光充足的環境。較耐寒，能耐短時霜凍。

養護一點通

根系較淺，盆栽時球體不宜過深，盆底應多墊瓦片，以便排水。盆栽上用腐葉土、粗沙的混合土，加入少量骨粉和乾牛糞。生長期盆土保持濕潤，要有充足陽光，每月施肥1次或用「卉友」15-15-30盆花專用肥。冬季球體進入休眠期，溫度不宜過高，以10℃為宜。保持盆土乾燥，成年植株每3~4年換盆1次。

大肉肉生小肉肉

播種：成熟種子到4月底播種，發芽適溫22~25℃，播後3~5天發芽。

嫁接：在5~6月進行，常用量天尺或花盛球作砧木，接穗用播種苗或子球，接後10~12天愈後成活，第2年可開花。

全年不死澆水法則

1月	2月	3月	4月	5月	6月	7月	8月	9月	10月	11月	12月
○	○	○	○	○	○	○	○	○	○	○	○

五十鈴玉

Fenestraria aurantiaca

〔科屬〕番杏科棒葉花屬

〔生長期〕春秋季

俗稱「橙黃棒葉花」

最愛溫度：	18~24℃
澆水：	生長期每3週1次
光線：	全日照
繁殖：	播種、分株
病蟲害：	葉腐病、根結線蟲
組合建議：	鹿角海棠、唐印

摸透它的習性

原產於納米比亞。喜溫暖、乾燥和陽光充足環境，不耐寒，怕水濕和強光。

養護一點通

每2年換盆1次，春季進行。生長期每3週澆水1次，盆土保持稍濕潤。夏季高溫季節，株體處於半休眠狀態，盆土應保持乾燥，放涼爽通風處。每月施肥1次，用「卉友」15-15-30盆花專用肥。冬季低溫時，被迫進入休眠期，盆土保持乾燥。冬季室溫保持14℃以上，植株仍可正常生長。

大肉肉生小肉肉

播種：種子細小，春季採用室內盆播，播後不需覆土，稍加輕壓。發芽適溫為21~24℃，播後8~10天發芽，幼苗生長較慢。

分株：春季結合換盆進行，將生長密集的幼株扒開直接盆栽。

不可以採用浸盆法澆水。

全年不死澆水法則

1月	2月	3月	4月	5月	6月	7月	8月	9月	10月	11月	12月
💧	💧	💧	💧	💧	💧	💧	💧	💧	💧	💧	💧

落花之舞

Rhipsalidopsis rosea

〔科屬〕仙人掌科假曇花屬

〔生長期〕春秋季

俗稱「落花舞」
「仙人鞭」

最愛溫度：18~23℃

澆水：生長期每週 1 次

光線：半陰

繁殖：扦插、嫁接

病蟲害：炭疽病、紅蜘蛛

組合建議：雅樂之舞、白佛甲

落花之舞

蟹爪蘭

與蟹爪蘭相比，落花之舞莖節細長，呈棱狀，有3~4條棱。莖節上有剛毛，常帶紫紅色。

摸透它的習性

原產巴西東南部。喜溫暖、濕潤和半陰環境。不耐寒，耐半陰，怕積水。

養護一點通

每2年換盆1次，換盆時，剪短過長或剪去過密葉狀莖。常用12~15厘米盆，吊籃用15~20厘米盆，每盆栽苗3~5株。盆土用腐葉土、肥沃園土和粗沙的混合土。春、秋季的生長旺盛期每週澆水1次，保持盆土濕潤。每月施低氮素肥1次或用「卉友」15-15-30盆花專用肥。夏季適當遮陰，冬季保持適度濕潤，具體要根據室溫高低而定。花期少搬動，以免斷莖落花。

大肉肉生小肉肉

扦插：初夏選取健壯、充實的莖節，剪下1~2節，稍晾乾，插入沙床，約2週左右生根。

嫁接：春末或秋季進行，以嵌接法嫁接，約半月可癒合成活。

全年不死澆水法則

1月	2月	3月	4月	5月	6月	7月	8月	9月	10月	11月	12月
◌	◌	◌	◌	◌	◌	◌	◌	◌	◌	◌	◌

蟹爪蘭

Schlumbergera truncatus

〔科屬〕仙人掌科仙人指屬

〔生長期〕冬季

俗稱「聖誕仙人掌」

最愛溫度：	18~23℃
澆水：	生長期每週2次
光線：	半陰
繁殖：	扦插、嫁接
病蟲害：	腐爛病、紅蜘蛛
組合建議：	白佛甲、虹之玉

摸透它的習性

原產巴西。喜溫暖、濕潤和半陰環境。不耐寒，怕烈日暴曬和雨淋。

養護一點通

生長期和開花期每週澆水2次，盆土保持濕潤。空氣乾燥時，每3~4天向葉狀莖噴霧1次。花後，控制澆水。其他時間每2週澆水1次。生長期每半月施肥1次或用「卉友」15-15-30盆花專用肥。當年扦插或嫁接苗均可開花。培養2~3年可開花幾十朵。花期少搬動，以免斷莖落花。

大肉肉生小肉肉

扦插：以春、秋季為宜。剪取肥厚變態莖1~2節，待剪口稍乾燥後插入沙床，插後20~25天生根。

嫁接：在5~6月或9~10月進行最好。砧木用量天尺或虎刺，接穗選健壯、肥厚變態莖2節，下端削成鴨嘴狀，用嵌接法，每株砧木可接3個接穗。

不要頻繁改變蟹爪蘭的向光位置，否則會導致落蕾現象。

全年不死澆水法則

1月	2月	3月	4月	5月	6月	7月	8月	9月	10月	11月	12月
🌢	🌢	🌢	🌢	🌢	🌢	🌢	🌢	🌢	🌢	🌢	🌢

緋牡丹

G. mihanovichii var. friedrichii 'vermilion Variegata'

〔科屬〕仙人掌科裸萼球屬

〔生長期〕夏季

俗稱「紅球」

最愛溫度：20~25℃

澆水：生長期每週 1 次

光線：全日照

繁殖：嫁接

病蟲害：炭疽病、紅蜘蛛

組合建議：山吹、白鳥

較容易開花。充足光照下，春末夏初時會開出粉紅花朵。

摸透它的習性

原產巴西。喜溫暖、乾燥和陽光充足環境。不耐寒，耐半陰和乾旱，怕水濕和強光。

養護一點通

每年5月換盆，一般栽培3~5年，球體色淡老化，需重新嫁接子球更新。盆土用腐葉土、培養土和粗沙的混合土。生長期每1~2天對球體噴水1次，使球體更加清新鮮艷。光線過強時，中午適當遮陰，以免球體灼傷。冬季需充足陽光，如光線不足，球體變得暗淡失色。生長期每月施肥1次，或用「卉友」15-15-30盆花專用肥。

大肉肉生小肉肉

嫁接：以春夏季進行最好，常用量天尺做砧木，嫁接前從母株上卸下健壯子球，用刀片把子球底部削平。同時，將量天尺頂部削平，然後把子球緊貼砧木切口中央，把兩者綁緊即可，接後10天癒合後鬆綁。

全年不死澆水法則

1月	2月	3月	4月	5月	6月	7月	8月	9月	10月	11月	12月
💧	💧	💧	💧	💧	💧	💧	💧	💧	💧	💧	💧

照波

Bergeranthus multiceps

〔科屬〕番杏科照波屬

〔生長期〕夏季

俗稱「仙女花」

摸透它的習性

原產南非。喜溫暖、乾燥和陽光充足環境。不耐寒，耐乾旱和半陰，忌水濕和強光。

養護一點通

每年春季換盆，去除基部乾枯葉片。盆土用腐葉土、培養土和粗沙的混合土，加入少量乾牛糞。春秋季每2週澆水1次，必須在晴天中午進行，冬季氣溫低，盆土保持乾燥。夏季高溫時正是照波的生長期，每半月施肥1次，或用「卉友」15-15-30盆花專用肥。

大肉肉生小肉肉

播種：4~5月採用室內盆播。發芽適溫為20~22℃，播後8~10天發芽。

扦插：在春秋季進行，剪取充實葉片帶基部，插於沙床，室溫保持18~20℃，插後18~20天生根。

分株：3~4月結合換盆進行，將生長密集的株叢分開，可直接上盆。

最愛溫度：18~24℃

澆水：每2週1次

光線：全日照

繁殖：播種、扦插、分株

病蟲害：葉斑病、介殼蟲

組合建議：錦晃星、紫牡丹

照波夏季必須在光線充足的中午才能開花。

全年不死澆水法則

1月	2月	3月	4月	5月	6月	7月	8月	9月	10月	11月	12月
💧	💧	💧	💧	💧	💧	💧	💧	💧	💧	💧	💧

Part3
玩多肉植物，
做合格的玩家

掌上花園，多肉植物愛熱鬧

多肉植物組合

多肉植物是群居愛好者

多肉植物們喜歡與自己脾氣相近的朋友們做鄰居，相似的生活習慣和愛好，不僅能讓多肉植物們更添美麗，又可以幫助它們形成一個自然小環境。多肉植物們生活在一起，互幫互助，長得更快、更肥、更健康。

自己組合掌上花園

許多多肉植物愛好者在種養的基礎上，利用各種栽培容器和家用淘汰的器皿、籃筐等，作為盆栽、造型盆栽、組合盆栽、瓶景和框景的材料。通過藝術的手法，使多肉植物成為一件非常有創意的藝術作品來裝飾居室，已成為當今的一種時尚。

田園風情的木盆更加襯托出多肉植物組合的野趣。

盆栽

盆栽就是利用一般圓形或方形的普通容器，如各種塑料盆、陶盆（卡通盆）、瓷盆、紫砂盆、金屬盆等，根據多肉植物體形的大小配上合適的盆器。盆栽時要注意小苗不要栽大盆，大苗不要用小盆，以苗株邊緣距盆口至少1厘米為宜。同時苗株的位置要居中擺正，不要東倒西歪就可以了。

造型盆栽

造型盆栽是指苗株用單品種或單株的盆栽方式。與普通盆栽的區別在於盆栽的過程中給予了藝術的加工，讓盆栽的多肉植物有一點盆景的造型。這就是玩多肉植物的「二年級學生」的課程。

造型盆栽展示

千代田錦三角形葉片上具不規則銀白色斑紋，表面下凹呈「V」字形，搭配上很有質感的金屬盆，別有趣味。

紅卷絹在陽光充足的環境下，葉片由綠變為紅色，肥厚的暗紅色葉片排成漂亮的蓮座狀，用白色瓷盆相襯，更顯明麗。

精緻的彩陶盆搭配上女王花舞笠，擺放在陽光充足的地方，艷麗而多姿。

花葉川蓮葉片肥厚，灰綠或藍綠色葉面上布滿了紫褐色斑點，猶如一塊美麗的調色板，搭配上卡通盆，點綴在窗臺、客廳，玲瓏可愛，頗具觀賞價值。

造型盆栽展示

若歌詩莖葉易叢生，加以簡單地修剪造型，就能形成姿態優美的盆景。

乙女心多年養護後，能形成木質枝幹，易形成老椿群生，非常壯觀。

千代田之松綴化後葉片呈雞冠狀排列，稍加調整造型後，搭配上長橢圓形的盆器，像是給花盆戴上了一頂漂亮的大帽子。

德里諾蓮葉片肥厚，葉色鮮艷，很適合選擇橢圓形大花盆造型搭配。

組合盆栽

　　組合盆栽是當前比較流行的盆栽方式，用草本花卉、球根花卉、觀葉植物等組合搭配。只要多品種的苗株組栽在一起即可，三株，五株，或者十幾株，甚至用幾十株組合在一起，形成一件具有觀賞價值的作品。近年來多肉植物的組合盆栽逐漸火熱起來，它比起前幾種方式更易製作，操作也更方便，欣賞的時間更長，養護也容易，有點像玩「魔方」一樣，想怎麼玩都可以，這是多肉植物的最大優勢。

組合多肉植物時，儘量選擇習性相近、高矮不一的品種，既美觀，又方便養護。

根據盆器的大小，選擇組合的多肉植物數量。一般10~15厘米的盆，能組合5株左右的多肉植物。

組合盆栽展示

A **鐵甲球** 喜溫暖、乾燥和充足陽光。

B **虾之玉** 早晚溫差大時放陽光充足處，葉片會變紅。

C **太妃石蓮** 耐乾旱和半陰，忌積水。

D **火祭** 冬季在陽光照射下，葉片會變紅。

E **唐印** 冬季在明亮光照下，葉片會變紅。

F **塔松** 喜陽光充足，也耐半陰。

A **虾之玉** 景天科，景天屬。

B **玉吊鐘** 景天科，伽藍菜屬。

C **火祭** 景大科，青鎖龍屬。

D **福娘** 景天科，銀波錦屬。

E **姬朧月** 景天科，風車草屬。

F **八千代** 景天科，景天屬。

G **姬朧月** 景天科，景天屬。

組合盆栽展示

A **八千代** 夏季高溫強光時，適當遮陰。

B **星乙女** 施肥不宜過多，以免莖葉徒長。

C **三色花月錦** 盆土過濕，莖節易徒長。

D **姬朧月** 不耐寒，夏季強光時稍遮陰。

A **屋卷絹** 冬季溫度不低於-5℃。

B **屋卷絹** 土壤過濕或澆水不當，易引起腐爛。

C **虹之玉** 冬季室溫最好維持在10℃。

D **白牡丹** 冬季溫度不低於5℃。

E **黃麗** 冬季溫度不低於5℃。

F **條紋十二卷** 冬季溫度不低於10℃。

組合盆栽展示

A **卡梅奧** 陽光充足，葉片會變紅色。

B **花月夜** 喜明亮光照，也耐陰。

C **火祭** 喜溫暖、乾燥和半陰。

D **塔松** 喜陽光充足，也耐半陰。

E **福娘** 不耐寒，夏季需涼爽。

A **弦月** 菊科，千里光屬。

B **銀角珊瑚** 大戟科，大戟屬。

C **黑法師** 景天科，蓮花掌屬。

D **花葉寒月夜** 景天科，蓮花掌屬。

E **毛葉蓮花掌** 景天科，蓮花掌屬。

F **女王花舞笠** 景天科，石蓮花屬。

G **火祭** 景天科，青鎖龍屬。

H **火祭錦** 景天科，青鎖龍屬。

瓶景

瓶景最早出現在1850年的英國，當前在歐美已成為十分盛行的園藝商品。利用各種短頸寬腹的玻璃瓶，在瓶底鋪上3~5厘米厚的砂礫，再鋪上薄薄一層木炭屑，最後鋪上3~4厘米厚的多肉植物專用土。根據瓶子的空間大小分別栽上多種多肉植物，栽後壓實土壤，從玻璃壁慢慢澆水，以後你可能再也不用澆水了。

框景

以長方形、六邊形、錐形的玻璃容器或玻璃水族箱作為多肉植物的栽培場所。其實有的框景中裝有取暖、照明、噴霧和通風等裝置，是一個典型的迷你溫室，又稱迷你花園。一般來說，框景的高度都在40~80厘米之間，其選擇多肉植物的範圍要比瓶景大得多，目前框景的面積都在0.2~0.32平方米之間，可選用15~20種多肉植物，栽植株數約在20~30株。為此，框景的景觀設計十分重要。

瓶景、框景展示

瓶景比盆栽看上去更清新、乾淨，擺放在窗臺或辦公桌上，令人賞心悅目。

在多肉植物瓶景中還可以加入一些裝飾性的小動物、小石頭或是小建築，讓多肉植物瓶景更具趣味。

可以選擇習性相似的多肉植物擺放在玻璃瓶中，玻璃瓶的大小，取決於多肉植物的大小。

多肉植物框景中可以配有取暖、照明、噴霧和通風等裝置，形成一個典型的迷你溫室。

會繁殖，養出多肉植物大家族

春秋天，繁殖的最好季節

多肉植物可以分為三種：夏型種、冬型種和中間型種。夏型種生長期是春季至秋季，冬季低溫時呈休眠狀態；冬型種生長季節從秋季至翌年春季，夏季高溫時休眠；而中間型種生長期主要在春季和秋季。由此可見，春秋季是大部分多肉植物的生長季節。此時的氣溫、陽光適合大部分多肉植物的生長。因此選擇在春季和秋季，對多肉植物進行繁殖活動，成活率最高。

而在夏季和冬季，由於溫度過高或過低，多數多肉植物進入休眠和半休眠期，生長緩慢，甚至停止，此時繁殖多肉植物，成活率極低。

多肉植物採用的繁殖方法主要有葉插、分株、砍頭、根插和播種。

葉插

是指將多肉植物的葉片一部分插於基質中，促使葉片生根，從而生長成為新的植株的繁殖方式。

石蓮花屬可大量葉插

分株

是指將多肉植物母株旁生長出的幼株剝離母體，分別栽種，使其成為新的植株的生長方式。

清盛錦分株

砍頭

是指對多肉植物的頂端進行剪切，從而促使側芽生長的一種繁殖方式。

砍頭後的多頭多肉植物

根插

　　是扦插的一種方式，指以多肉植物的根段插於土壤，從而生根成為新植株的繁殖方式。

八千代根插幼苗

播種

　　是指通過播撒種子來栽培新植株的繁殖方式。這也是大多數植物採用的常見繁殖方式。

生石花播種幼苗

　　幾種繁殖方式中，**葉插**是很多多肉植物進行大量繁殖的最佳方式，而**砍頭**是多肉植物能夠快速從單頭生長成多頭的有效方式。

在春秋天，多肉植物繁殖過程中，需要注意以下幾點：

1. 經過剪切的多肉植物，一定要經過晾乾，等傷口收斂後才能進行下一步繁殖操作。

2. 用於栽培的盆土在使用前必須經過高溫消毒。使用時，在土壤上噴水，攪拌均勻，調節好土壤濕度後上盆。

3. 剛剛進行過葉插、分株等繁殖的多肉植物，以及繁殖成功後新長出的幼苗，都需要小心呵護，應該擺放在半陰處或散射光處養護，避免陽光直射，嚴格控制澆水。

葉插，掉落的葉片也能活

在多肉植物中應用十分普遍。百合科的沙魚掌屬、十二卷屬，菊科的千里光屬，龍舌蘭科的虎尾蘭屬等多肉植物的葉片都可以通過葉插大量繁殖種苗。

 ## 葉插過程

工具　　剪刀、小鏟子、沙床

步驟

① 選取多肉植物上健康、飽滿的葉片。

② 用剪刀切下整片葉片，切口要平滑、整齊。也可以直接用手輕輕掰下葉片。

③ 平躺放在沙床上，葉片間相距2~3厘米。

④ 葉片切口不要有碰髒，擺放通風處2~3天，晾乾。

❺待葉片晾乾後移至半陰處養護。

❻約2~3週後生根，或從葉基處長出不定芽。

❼葉插成功。

葉插小貼士

1. 葉插葉片應擺放在稍濕潤的沙臺或疏鬆的土面或沙床上。

2. 不要澆水，乾燥時可向空氣週圍噴霧。

3. 不同科屬的多肉植物，葉片擺放方式也會有所不同。如景天科葉片平放，十二卷屬葉片斜插，虎尾蘭可剪成小段直插。

4. 生根和長出不定芽的先後順序，每種多肉植物會有所不同。

5. 隨着不定芽的成長，需要增加日照時間，並適當澆水。

分株，最簡單安全的方法

分株是繁殖多肉植物中最簡便、最安全的方法。只要具有蓮座葉叢或群生狀的多肉植物都可以通過吸芽、走莖、鱗莖、塊莖和小植株進行分株繁殖，如常見的龍舌蘭科、鳳梨科、百合科、大戟科、蘿摩科等多肉植物。

分株過程

工具　鏟子、鑷子、刷子、裝有土壤的小花盆

步驟

❶ 選擇需要分株的健康多肉植物。

❷ 選擇合適的位置，將母株週圍旁生的幼株小心掰開。一般春季結合換盆進行。

❸ 擺正幼株的位置，一邊加土，一邊輕提幼株。

❹ 土加至離盆口2厘米處為止。（分株栽種好後，也可將母株一同栽入。）

❺用刷子清理盆邊泥土，然後放半陰處養護。

❻分株成功，靜待多肉植物恢復。

分株小貼士

1. 若秋季進行分株繁殖，要注意分株植物的安全過冬。

2. 進行分株的幼株最好選擇健壯、飽滿的，成活率較高。

3. 若幼株帶根少或無根，可先插於沙床，生根後再盆栽。

4. 斑錦品種的多肉植物，如不夜城錦、玉扇錦等，必須通過分株繁殖，才能保持其品種的純正。

砍頭，一株變兩株的妙招

砍頭的繁殖方法，是讓多肉植物從一株變為兩株，從單頭植株變為多頭植株較為理想的方式。

 ## 砍頭過程

工具　　剪刀、裝有土壤的小花盆

步驟

❶ 選擇需要砍頭的健壯多肉植物。

❷ 選擇恰當的位置剪切，剪口平滑。

❸ 將剪下的部分擺放在乾燥處，傷口不要碰髒。

❹ 將剪下的部分擺放在通風處，等待傷口收斂。

⑤ 傷口收斂後，將剪下的部分埋進另一盆土中養護。

⑥ 將兩盆多肉植物擺放在明亮光照處恢復。

⑦ 約20~30天，母株莖幹側面長出新芽。

⑧ 砍頭成功，一株變成兩株。

砍頭小貼士

1. 葉片緊湊的多肉植物，可從其由下及上三分之一處剪切。

2. 剪切所用的剪刀或小刀最好選擇較為鋒利的，以利於迅速剪切，剪口平滑。

3. 剪切後，多肉植物有傷口的一面切忌碰觸沙土、水，一旦沾染上，需要立即用紙巾擦拭乾淨。

4. 多肉植物生根的過程中，切忌強光直射。

5. 從側面長出新芽後，需要增加光照，適量增加澆水，保持盆土稍濕潤即可。

根插，有根就能活

百合科十二卷屬中的玉扇、萬象等名貴種的根部十分粗壯、發達，可以採用根插的方式進行繁殖。另外，具塊根性的大戟科、葫蘆科多肉植物，也可採用根插繁殖。

 ## 根插過程

工具　剪刀、裝有土壤的小花盆

步驟

❶ 選取較成熟的肉質根剪下，剪口要平滑。

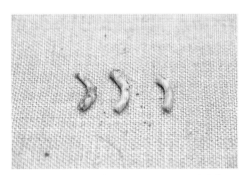

❷ 剪下的肉質根放通風處2~3天，等待傷口收斂。

❸ 傷口收斂後，埋進沙床中，上部稍露出1厘米左右。

❹ 擺放在明亮光照的環境下養護。

⑤ 約20~30天，從根部頂端萌發出新芽。

⑥ 約1~2個月，形成完整的小植株。

根插小貼士

1. 選取的肉質根要健壯，無病蟲害。

2. 剪切後，有傷口的一面要朝上放置，儘量不要碰觸沙土、水，如果沾染上沙土或水，需要立即用乾淨的紙巾擦拭乾淨。

3. 根插過程中，適量澆水，保持盆土濕潤即可。

4. 發芽之前，切忌強光暴曬。

5. 長出的新芽要特別小心照顧，需放在明亮光照下，並嚴格控制澆水。

播種，多肉植物愛好者的最愛

多肉植物中許多種類的種子都是漿果，可以等種子成熟後採下進行播種，也可以直接購買多肉植物的種子播種栽培。在播種過程中，看着心愛的多肉植物一點點長大，感受成長的快樂。

播種過程

工具　培養皿、澆水壺、竹籤、噴壺、紗布、裝有土壤的育苗盒

步驟

❶ 在培養皿或瓷盤內墊入2~3層濾紙或消毒紗布。

❷ 注入適量蒸餾水或涼開水。

❸ 種子均勻點播在內墊物上進行催芽，約需要15天。

❹ 將成熟種子點播在盆器中。

⑤ 擺放在陽光充足處，但需避開強光暴曬。

⑥ 早晚噴霧，保持盆土濕潤。

⑦ 靜待一段時間後，長出新發芽的幼苗。

⑧ 待幼株長成後，可將其單株移入盆中栽培，更有利於植株生長。

播種小貼士

1. 較軟的和發芽容易的種子，不需要經過催芽，可直接盆播。

2. 播種的發芽適溫一般在 15~25℃左右。

3. 播種土壤以培養土最好，或用腐葉土或泥炭土 1 份加細沙 1 份均勻拌和，並經高溫消毒的土壤。

4. 一般來說，番杏科多肉植物在播種後 1 週左右開始發芽，如露草屬為 6~10 天，舌葉花屬為 8~10 天，日中花屬為 7~10 天；景天科多肉植物在播種後 2 週左右開始發芽，在 3 週左右基本結束發芽，如蓮花掌屬 12~16 天，石蓮花屬 20~25 天，長生草屬 10~12 天，天錦章屬 14~21 天；鳳梨科的雀舌蘭屬在播種後 15~20 天發芽。其中蘿藦科的國章屬在播種後 2 天就見發芽，這是所有多肉植物中種子發芽最快的。

5. 新發芽的幼苗十分幼嫩，根系淺，生長慢，必須謹慎管理。播種盆土不能太乾也不能太濕，夏季高溫多濕或冬季低溫多濕對幼苗生長十分不利。

6. 幼苗生長過程中，用噴霧濕潤土面時，噴霧壓力不宜大，水質必須乾淨清潔，以免受污染或長青苔，影響幼苗生長。

保存種子

如果種子不想採下即播，
也可貯藏至翌年春天播種。

步驟

① 洗淨成熟的種子。
② 將乾淨的種子放在通風處晾乾。
③ 乾燥後用乾淨的紙袋或深色小玻璃瓶保存。
④ 擺放在溫度較低，涼爽、乾燥處。

保存種子須知道

① 一定要選擇密封性好的盒子存放種子。可以選擇玻璃瓶、塑料瓶或鐵盒等，且一定要蓋緊，否則易導致種子發霉。

② 可以在常溫條件下放在抽屜等涼爽、乾燥處。若盛夏季節，室內溫度過高，需考慮擺放在冰箱 8~10℃ 的冷藏室，切忌冷凍。但一定要注意防潮，種子一旦受潮就不可能再播種成功。可以選擇在存儲種子的盒中放一袋乾燥劑。

③ 可以在儲存中途選擇一個晴天中午晾曬檢查一次，既防潮、換氣，又能防止蟲害。

④ 切忌不同品種的種子混雜擺放，一個密封盒裏只能有一個品種的種子。最好可以在密封盒上貼小標籤，多品種要用紙袋分開，注明種子的品種和存儲日期。

⑤ 密封盒中種子不宜裝得過滿，一定要給種子留有充足的空間。

播種後新發芽的幼苗要格外照顧，必須保證適當的光照和水分才能長大。

關於養殖的心血之談

雖然多肉植物屬於「懶人植物」，好養易活，但是想要養出漂亮、健壯的萌肉，還是頗費心血的。看專家的心血養殖經驗，不讓多肉植物莫名奇妙的犧牲。

休眠還是「仙去」？

常常有多肉植物新手把休眠期的多肉植物當作是「仙去」的多肉植物，而不去理睬它們，造成了不必要的損失。實際上，大部分多肉植物在夏季或冬季時都需要經歷休眠或半休眠期，這一階段多肉植物大多會葉片脫落、褶皺，狀態不佳。而真正「仙去」的多肉植物，必須是完全萎縮。但是只要還有一點沒有萎縮，就有一線生機。此時需要減少澆水，適當遮陰，或擺放在溫暖的地方。精心的呵護下，等休眠期過後，多肉植物們能較快恢復良好狀態。

雙水泡處於休眠，不是「仙去」。

深色花盆謹慎選

臨近窗戶擺放的多肉植物，到了夏季或秋季陽光強烈的時候，陽光透過玻璃直接照射在深色花盆上，會使得花盆內快速升溫，影響多肉植物的生長環境。如果再發生澆水不當的情況，多肉植物很容易「仙去」。因此，擺放在窗戶附近的多肉植物最好不要用深色的花盆，或者選擇在花盆前擺放一塊白色的反光塑料板，避開陽光直射。

種在黑色盆中的花舞笠，盛夏時易「仙去」，可在春季提早換成白色盆。

澆水首選——擠壓式彎嘴壺

給多肉植物澆水、噴霧時，切忌向葉面澆水、噴水。沾上水珠的多肉植物，在太陽照射下，很容易曬傷。澆水時沿花盆邊緣澆水，可以選擇使用擠壓式彎嘴壺澆水，既可以控制水量，防止水大傷根，又能夠避免水澆灌到植株中，防止葉片腐爛。而對於一些養護在瓶景中的多肉植物以及迷你多肉植物，還可以選擇滴管澆水。噴霧時，向花盆週圍噴灑。如果水珠滴落在葉片上，儘快用紙巾擦拭乾淨。

多肉植物受傷了，更要小心照顧

多肉植物在進行葉插、砍頭等繁殖時，通常都要對其進行剪切，剪切後留下的傷口一定不能碰水，也不能沾染泥土，一旦碰上，應立即用乾淨紙巾擦去，否則傷口很容易

感染病菌，發霉腐敗，使繁殖失敗。剪切過的多肉植物，應放在明亮光照、通風處，等傷口瘁愈後再插入沙土中。晾乾過程中切忌強烈陽光直射，否則容易被曬乾。如果出現了葉子發霉腐敗的現象，一定要將壞葉子及早處理掉，不要跟健康的葉子放在一起，否則很容易使健康葉子也感染病菌而生病。

剪下的多肉植物葉片要保持清潔，晾乾後扦插。

葉片是葉插的關鍵

很多多肉植物玩家都發生過葉插失敗的情況，葉插葉子中途就水化或發霉。這其中原因很多，但主要是與葉片本身的健康情況和葉片是否在葉插前碰觸過水有關。因此，在葉插時，切忌因為嫌棄葉子表面不乾淨而用水沖洗，經過沖洗的葉子葉插失敗的概率會增加。此外，有些葉子會先生根再出芽，而有些葉子會先出芽再生根，也有二者同時出現的，對於那些先長出根系的葉子，一定要在根系剛長出時就將其埋入土中。根系暴露在空氣中，很容易乾枯死亡。

葉插後的小葉，摘還是不摘？

葉插成功後，約2~3週後葉插葉片基部會生根，或從葉基處長出不定芽。隨着不定芽的生長，葉插葉會不斷乾枯、縮小，暫時不用管理它，等到不定芽的大小超過葉插的葉子，葉插葉基本已經乾枯時，可以直接摘去。

剛剛長出小芽，此時的葉插葉不要摘。

幼株形成，葉插葉片自然萎縮，摘除即可。

發現一隻蟲，警鐘響起

　　當你在多肉植物們的葉片上發現了一隻蟲子，千萬不要掉以輕心，很有可能已經有很多蟲子埋伏在多肉植物們的葉片裏、根系中。此時，你要立刻敲響警鐘，採取行動。先將發現的小蟲們用鑷子夾出處理掉，再配製殺蟲藥水噴殺。如介殼蟲可用速撲殺乳劑800~1000倍液噴殺，紅蜘蛛可用40%三氯殺蟎醇乳油1000~1500倍液噴殺。否則一旦你行動遲緩了一步，你的多肉植物很可能就會被蟲子們佔領。

一隻卷葉蛾危害白雪姬的結果。

保護多肉植物大作戰，防鳥、防貓、防老鼠

　　除了可惡的蟲子們，會危害到多肉植物們的健康外，其實多肉植物們還有很多天敵，比如家裏好奇心旺盛的貓，比如從下水道跑到窗臺的老鼠，比如愛啄萌肉的麻雀，還有萬惡的蟑螂，還有跟蝸牛差不多的蜒蚰……它們都可能使多肉植物受到傷害。例如生石花，被鳥吃過之後特別容易爛。所以必須採取行動，讓嬌嫩的多肉植物們更好地成長。

　　對付小鳥最好的辦法應該是買一些網罩，罩在露養的多肉植物上。也可以在花盆週圍插上幾個五顏六色的風車，或是紅色的塑料袋，或是擺上幾張光碟，都能有效地謝絕小鳥登門造訪。

　　防備小貓的偷襲，可以把多肉植物儘量放在較高的窗臺、陽臺架上，並在花盆的邊緣插上幾根尖尖的牙籤。

　　老鼠的偷襲常常讓人防不勝防，你可以選擇在花盆的週圍放上幾個黏鼠板，特別是老鼠曾經路過的地方，堅持兩三天，就會成功抓獲老鼠。

嬌小可愛、葉片肥厚的生石花，是小鳥們的最愛，露養要特別小心。

天氣預報，每天必須關注

養護多肉植物，需要每天關注天氣預報。因為不同的天氣情況，多肉植物們對於水分的要求也會不同。氣溫較高時，多肉植物多澆水，而盛夏時節和氣溫較低時澆水量也需要減少。到了陰雨天一般不澆水。準確把握天氣情況，才能制訂出為多肉植物澆水的最佳方案。

身披白粉的多肉植物不能多觸碰

一些品種的多肉植物上會披有白粉，這些白粉只生一次，一旦被手抹掉或是被水沖洗掉，就不能再出現，只能等長出新的葉片，這樣會大大削弱觀賞價值。因此平日裏，不要經常碰觸披有白粉的多肉植物，澆水、噴霧時也要避開葉片，否則就會留下難看痕跡。

雪蓮葉片觸碰後掉落的白粉，不會再恢復。

給群生小苗生長的空間

不少多肉植物會出現群生的現象，也就是在基部葉片下長出小苗，如玉蝶、茜之塔、佛座蓮等都很容易群生。一般來說，不需要特殊管理，但是如果基部葉片太多，會擠壓小苗，讓小苗沒有生長的空間。特別是在夏天，小苗甚至會被悶死在基部葉片下。因此，需要適當地修剪或者直接掰下挨近小苗的葉片，給予小苗生長的空間。掰下的葉片還能夠用來葉插，生長出更多的植株。

一株屋卷絹可以生長出8株以上的蘗芽。

和多肉植物一起愛上四季

春,多肉植物在長大

　　春季是大部分多肉植物的生長季節,經歷了冬季的休眠,不久的將來又要經歷酷熱的夏季,此時給予多肉植物們更多關心,可以讓它們快速從休眠期中恢復良好狀態,又能為將來的苦戰做好充分的營養儲備。

換盆好時機

　　一般春季4~5月,氣溫達到15℃左右,是多肉植物莖葉生長的旺盛期,而經過一年生長的多肉植物,其根系已經較為健壯,充塞盆內,盆土的營養已經被消耗殆盡,如果不及時換盆,便會缺少多肉植物繼續生長的空間和營養。

　　每年春季換盆時,可以將根部的那些已經被耗盡養分,變得板結,透氣和透水性差的土壤全部摘除,換上新的盆土。再根據植株的大小,選擇一個合適的盆器。以利於多肉植物之後的生長。此外,結合換盆,還應適當修剪多肉植物,保持其優美株態。

雅樂之舞根系長出盆孔,是換盆的信號。

春季養護須知

　　多肉植物在休眠期間大多會出現葉片掉落、褶皺,植株萎縮等不良現象。因此水分和陽光對於剛剛蘇醒的多肉植物是非常重要的。適當地增加澆水量,保持盆土濕潤,以及延長光照時間,保證充分的日照,可以幫助多肉植物們儘快從不好的狀態中恢復起來。

　　另外,為了有利於營養儲備和當下的生長需要,可適當施肥,一般可以每月施肥1次,或用「卉友」15-15-30盆花專用肥。

夏，天熱不怕

　　盛夏季節的高溫，不僅讓人們感覺到酷熱難當，就是對於耐旱的多肉植物來說，也是難以忍受的。大多數多肉植物都會「苦夏」，在夏天普遍狀態不良，進入休眠或半休眠期。此時澆水多了，容易引起根部腐爛，而澆水不足，又會影響多肉植物的正常狀態。因此，這一階段要認真觀察多肉植物的生長動態，合理澆水，讓多肉植物可以安全越夏。

由於生長期不同，多肉植物們越夏的方式也會有所不同。

夏季生長的多肉植物

　　對於生長期在夏天的多肉植物來說，夏季需要適當增加澆水量和噴水次數。盛夏光線過強時，應適當遮陰，但要注意遮陰時間不宜太長，否則會影響葉色和光澤。

花月夜夏季也能生長。

夏季休眠的多肉植物

　　對於正處在休眠和半休眠期的多肉植物，此時必須保持冷涼乾燥的環境，擺放在半陰和通風良好的地方。停止施肥，並嚴格控制澆水。夏季最好的澆水時間是清晨，保持盆土稍濕潤即可。如果盆土濕度過高，會引起多肉植物基部莖葉變黃腐爛。在溫度較高、空氣乾燥時，可適當向植株週圍噴水，保持空氣濕度在45%~50%，有的種屬需要保持在70%左右，但噴水時切忌用水直接噴灑葉片。

山地玫瑰夏季休眠。

秋，欣賞多肉植物最美的時節

秋季是多肉植物最美的季節，想要讓多肉植物們表現出它們最完美的一面，需要精心地養護。

控制澆水，增加空氣濕度

進入秋季，氣溫稍有下降，加之晝夜溫差加大，多肉植物又恢復了正常生長，可多澆些水。由於多肉植物有夜間生長的特性，根據氣溫的變化，初秋的傍晚及深秋的午後澆水，有利於植株的生長。陰天少澆水，下雨天則停止澆水。增加空氣濕度對原產在高海拔地區的多肉植物十分有利，在秋季生長期，相對濕度宜保持在45%~50%，少數種類可達到70%左右。

合理修剪，優化植株造型

多肉植物多數體形較小，莖、葉多為肉質，進入秋季，生長速度相對加快。對莖葉生長過長的白雪姬、碧雷鼓、吊金錢等，通過摘心，可促使其多分枝，多形成花蕾，多開花，使株形更緊湊、矮化。對沙漠玫瑰、雞蛋花等進行疏枝，可保持株形外觀整齊。植株生長過高的彩雲閣、非洲霸王樹、紅雀珊瑚等，用強剪來控制高度。對生長吸芽過多的紅卷絹、子持年華等，除去過多的吸芽，能讓株形更美。

秋季正值許多仙人掌植物花後和繼續生長的階段，適時、合理的修剪，不僅可以壓低株形，促使分枝，讓植株生長更健壯，株形更優美，還能促使其萌生子球，用於扦插或嫁接繁殖。大多數仙人掌植物如果在花後不留種，要及時剪去殘花，以免因結實而多消耗養分，不利於新花蕾的形成。對假曇花、鎖鏈掌、隱柱曇花、龍鳳牡丹和容易生長子球的仙人掌等，通過疏剪莖葉狀莖和剃除過密的子球，可使株形美觀。對初冬開花的蟹爪蘭、仙人指等，要及時摘蕾。對柱狀的仙人掌，如白芒柱、龍神柱等，應適當短截，壓低株形，準備過冬。

緣紅辨慶

銘月

白鳳

冬，讓它和你一起溫暖

大多數多肉植物原產熱帶、亞熱帶地區，冬季溫度比中國大部分地區要高。因此，在中國絕大多數多肉植物品種必須在室內陽光充足的地方栽培越冬。如若低溫或陰蔽，植株會生長不良，甚至會逐漸萎縮。

根據室溫，選擇多肉植物

根據日常窗臺或封閉陽臺的條件，可以栽培的多肉植物名單參考如下：

室溫在0~5℃時，可栽培龍舌蘭、沙魚掌、露草、棒葉不死鳥等。

室溫在5~8℃時，可栽培仙人掌科植物以及蓮花掌、蘆薈、銀波錦、神刀、雀舌蘭、石蓮花、肉黃菊等。

室溫在8~12℃時，可栽培酒瓶蘭、吊金錢、虎刺梅、光棍樹、十二卷、月兔耳、生石花、長壽花、大花犀角、紫龍角、鬼腳掌等。

注意通風，停止澆水

冬季搬入室內的多肉植物，如果空氣不流通或者濕度過大，則會引起植株病變。為了避免這種情況，室內需1~2天通風1次，一般情況下每2~3天透氣1次，但要避免冷風直吹盆栽。

此外，大部分多肉植物冬季都應該停止施肥、減少澆水，即使澆水，也應在晴天午前澆水。而氣溫過低時噴水也應該停止，以免空氣中濕度過高發生凍害。

玉綴冬季室溫0~5℃　　　　紫珍珠冬季室溫5~8℃　　　　月兔耳冬季室溫在8~12℃

學一點小技巧，多肉植物變美

大溫差，養出果凍色

想要將多肉植物養出果凍色，一是需要充足的日照，但不能是強光暴曬。二是需要較大的溫差。其中大溫差是多肉植物變色的主要原因。但大溫差要在合理的範圍內。秋天的陽光充足，且早晚涼爽，中午溫度較高，一天的溫度一般在10~20℃變化，所以一般秋天是多肉植物變色的最好季節。不要為了追求多肉植物的變色，而在冬天或盛夏季節，將多肉植物從室內突然移至室外，製造大溫差，這樣很容易讓多肉植物凍傷或灼傷。

巧用剪刀，養出多頭多肉植物

多頭的多肉植物比單頭的多肉植物更具觀賞價值。有些多肉植物，如黑王子會隨着生長，自然生長出多頭，但一般時間較長。想要快點養出多頭多肉植物，需要剪刀的幫忙。等多肉植物生長得較大時，或已經發生徒長時，用剪刀對多肉植物進行砍頭，剪去莖幹頂端部分，以促進側芽的生長。剪切時，切口要平滑。

水培多肉植物，看根的生長

多肉植物除了可以盆栽外，還可以進行水培。水培的多肉植物，可以省卻很多有關泥土的煩惱，是近年來頗為流行的時尚玩多肉植物的方法。水培時，剪取一段多肉植物的頂莖或一片葉片，插於河沙中，待長出白色新根後再水培。水培時不需整個根系入水，可留一部分根系在水面上，這樣更有利於多肉植物的生長。春秋季水中加營養液，夏季和冬季用清水即可。

水培條紋十二卷時根不要全部浸入水中。

小錘子輕輕敲，換盆不用愁

在給多肉植物換盆時，有時會遇到根系貼盆壁過緊，而無法順利將多肉植物取出的情況。此時，切忌用蠻力將多肉植物取出，否則很容易損傷根系。可以用橡皮錘子敲擊盆壁，等盆土有所鬆動後，再將多肉植物取出盆。

玻璃杯子，讓多肉植物晶瑩剔透

　　給多肉植物罩上玻璃杯子，為它們營造一個與大棚相似的生長環境，使得溫差變大，相對濕度較高，可以讓多肉植物更容易長得晶瑩剔透。此外，罩上玻璃杯子還可以防止多肉植物在盛夏期間被強烈的陽光曬傷。當然，除了玻璃罩子外，還可以選擇塑料杯子和保鮮薄膜。相較而言如果選擇塑料杯子，由於其密閉性不算很好，可以不用每天打開通風外，其他兩種都需要每天打開一次，幫助多肉植物通風。需要注意的是，並不是所有的多肉植物都適合此種方法。一般而言，有窗口的多肉植物比較適宜採取此種悶養方法，比如玉露等。

土壤濕潤度，竹籤來解決

　　澆水問題是困擾很多多肉植物玩家的大問題，都說見乾就澆，但如何判斷土壤是否乾燥，難倒了很多玩家。其實一根小小的竹籤就能幫助你，輕鬆判斷土壤乾濕程度。挑選一根長度與多肉植物盆器相適合的乾燥竹籤，將其從盆器邊緣插入土中。抽出時，若竹籤上黏有泥土，説明土壤是濕潤的，反之，則是乾燥的。

好看老樁，快速生成

　　老樁是指生長多年，有明顯木質化的主幹和分枝的多肉植物。很多景天科的多肉植物都能夠經過長時間的生長出現老樁。為了縮短出現老樁的時間，可以採用讓多肉植物徒長的方式，即減少日曬時間，增加澆水量，使多肉植物莖稈生長變長。等到莖稈長到一定長度時，可以將下面的葉子全部摘去，僅餘頂端的數片葉子，擺放在陽光充足的地方充分日照，約1年左右莖稈就可木質化，變成老樁。但此種方法不利於多肉健康，一般不建議採用。

姬朧月老樁配以白色瓷瓶更具觀賞價值。

一個塑料蓋，讓播種更輕鬆

將多肉植物的成熟種子點播到盆器中後，可以在盆器
上蓋上一個塑料蓋。每天打開塑料蓋一次，或是在蓋上戳
幾個小孔，這樣既有利於種子通風，又可以加快種子發芽
的時間。如果沒有合適的塑料蓋，也可以用薄膜代替。

育苗盒是提高多肉植物
播種成功率的好幫手。

幾塊瓦片，打造更舒適的盆器

在挑選多肉植物盆器時，一般而言會選擇排水、透氣性能較好的盆器。但如今人們
更偏向於選擇很多造型、外觀漂亮的盆器，而忽視了盆器的排水、透氣功能。對於此類
盆器，可以在栽種多肉植物時，在盆底墊上一些瓦片，以利於排水與透氣。

好水養出好植物

水對於多肉植物來說至關重要，選擇適合多肉植物的水可以讓它們更加健康地成長。
澆灌多肉植物的水必須清潔，不含任何污染或有害物質，忌用含鈣、鎂離子過多的硬水。
日常生活中人們多用自來水澆灌多肉植物，自來水中含有少量的氯氣等有害物質，以及
一些雜質，因此自來水並不適合直接澆灌多肉植物。可以將自來水擺放1~2天，然後取
上層的自來水澆水。

雨水作為大自然的自然降水，也是很好的澆灌多肉植物的選擇。但大多數多肉植物
都害怕直接雨淋，直接的雨淋會讓多肉植物葉片上留下難看的痕跡，甚至導致積水爛根。

在好水下生長的綠鳳凰綴化，葉色青
翠蔥郁。

因此想要用雨水澆灌多肉植物的玩家，可以在下
雨時用碗或盆接取適量的雨水，再用接取的雨水
對多肉植物澆水。

此外，淘米水也可以用來澆灌多肉植物。淘
米水中含有豐富的營養成分，但淘米水並不能直
接澆灌多肉植物，淘米水只有在腐熟、發酵後才
能用來澆灌。

另外，還需要注意澆水的水溫。澆水的水溫
不宜太低或太高，以接近室內溫度為宜。

手套加繩索，給有刺的多肉植物換盆

仙人掌屬、仙人球屬中的很多多肉植物球體密布堅硬的刺，換盆的時候常常讓人不知道該從何下手。中、小型的多肉植物，可以戴上厚質的帆布手套直接操作，避免手被銳刺扎傷。而球體較大的多肉植物，可以選用繩索作為工具。先將繩索對接，打成繩圈，然後套在球體基部，勒緊，保持兩端對稱、平衡。同時小鏟深挖盆土，鬆動根系，提拉繩索，球體就順利脫盆。

遮陽網，為多肉植物遮陰

對於養多肉植物的「大戶」來說，陽臺上露養的多肉植物搬來搬去實在麻煩，可是到了夏天陽光太過強烈，很可能把多肉植物曬傷，因此可以選擇在陽臺上裝一個可以收拉的遮陽網，幫助多肉植物們遮陰。

遮陽網下生長的多肉植物

小石子，支撐多肉植物促開花

不要小看那些鋪面用的小石子，它們也能起到很大的作用。盆栽後在盆面鋪上一層白色小石子，既可降低土溫，又能支撐株體，提高欣賞價值。例如在種植生石花屬的多肉植物時，因為其根系較淺，就可以選擇一些小石子鋪面。而如果選擇的是一些深色的小石子，還能夠提高盆土溫度，促進某些種屬的多肉植物在秋季開花。

附錄 玩多肉植物，懂一點專業術語

市面上受歡迎的多肉植物

多肉植物（succulent plant）

又稱肉質植物、多漿植物，為莖、葉肉質，具有肥厚貯水組織的觀賞植物。莖肉質多漿的如仙人掌科植物，葉肉質多漿的如龍舌蘭科、景天科、大戟科等多肉植物。多肉植物的愛好者也喜歡簡稱其為「肉肉」。

景天科

科名（family）

植物分類單位的學術用語，凡是花的形態結構接近的一個屬或幾個屬，可以組成植物分類系統的一個科。如景天科由30個屬組成。

生石花屬

屬名（genus）

植物分類單位的學術用語，每一個植物學名，必須由屬名、種名和定名人組成。每一個屬下可以包括一種至若干種。

庫拉索蘆薈

種名（species）

植物分類單位的學術用語，又叫學名，每一種植物只有一個學名。在屬名之後，變種或栽培品種名之前。例如蘆薈（*Aloe vera* var. *chinensis*），其中 *Aloe* 為屬名，*vera* 為種名，var. *chinensis* 為變種名。

狂刺金琥

變種（variety）

物種與亞種之下的分類單位。如仙人掌科中的類櫛球就是櫛刺尤伯球的變種，狂刺金琥是金琥的變種等。

瀬危植物

(endangered plant)

是指在生物進化歷程中瀕臨滅絕的植物。其種群數目逐漸減少乃至面臨絕種，或其生境退化到難以生存的程度。如小花龍舌蘭、皺葉麒麟等都是瀕危植物中的一級保護植物。

皺葉麒麟

兩性花

(hermaphrodite flower)

一朵花中，兼有雄蕊群和雌蕊群。大多數多肉植物為兩性花，開花後都能正常結實。

群波

莖幹狀多肉植物

(caudex succulent)

植物的肉質部分主要在莖的基部，形成膨大而形狀不一的肉質塊狀體或球狀體。如京舞伎、橢葉木棉、光堂等。

光堂

單生

(simple solitary)

指植株莖幹單獨生長不產生分枝和不生子球。如仙人掌中的翁柱和金琥。

金琥

雌雄異株

(heterothallism)

指單性花分別着生於不同植株上，由此，出現了雄株和雌株之分。

京舞伎

群生(clustering)

指許多密集的新枝或子球生長在一起。如仙人掌中的松霞，多肉植物中的茜之塔等。

茜之塔

休眠的
山地玫瑰

休眠(dormancy)
植物處於自然生長停頓狀態,還會出現落葉或地上部死亡的現象。常發生在冬季和夏季。

雅樂之舞

**夏型種
(summer type)**
生長期在夏季,而冬季呈休眠狀態的多肉植物,稱之夏型植物或冬眠型植物。主要是開花的時間在夏季。這裏的夏季指肉肉在原產地的夏季氣候,如果天氣太熱,肉肉依舊會休眠。

生石花

**冬型種
(winter type)**
生長期在冬季,而夏季呈休眠狀態,稱之冬型植物或夏眠型植物。這裏的冬季是指肉肉在原產地的冬季氣候,如果天氣太冷,肉肉依舊會休眠。

嘴狀苦瓜

**攀援莖
(climbing stem)**
依靠特殊結構攀援它物而向上生長的莖。如景天科中的極樂鳥,葫蘆科的嘴狀苦瓜、睡布袋等。

氣生根

**氣生根
(aerial roots)**
由地上部莖所長出的根,在虹之玉、梅兔耳的成年植株上經常可見。

姬玉露

軟質葉(soft leaf)
多肉植物中柔嫩多汁、很容易被折斷或為病蟲所害的有些種類的葉片。一般稱其為軟質葉系,如十二卷屬中的玉露等。

琉璃殿

硬質葉(thick leaf)
指多肉植物中一些葉片肥厚堅硬的種類。一般稱其為硬質葉系,如十二卷屬中的琉璃殿、條紋十二卷等。

石蓮花屬羅密歐

蓮座葉叢(rosette)
指緊貼地面的短莖上，輻射狀叢生多葉的生長形態，其葉片排列的方式形似蓮花。如景天科的石蓮花屬、風車草屬等。

不夜城

葉齒(leaf-teeth)
常指多肉植物肥厚葉片邊緣的肉質刺狀物。常見於百合科蘆薈屬植物，如不夜城、不夜城錦、翡翠殿等。

大統領

葉刺(leaf thorn)
由葉的一部分或全部轉變成的刺狀物，葉刺可以減少蒸騰並起到保護作用。如仙人掌科植物的刺就是葉刺。

玉露

窗(window)
許多多肉植物，如百合科的十二卷屬，其葉面頂端有透明或半透明部分，稱之為「窗」。其窗面的變化也是品種的分類依據。

屋卷絹

**吸芽
(absorptive bud)**
又叫分蘗，是植物地下莖的節上或地上莖的腋芽中產生的芽狀體。如長生草、石蓮花等母株旁生的小植株。

葉落後留下的痕跡

葉痕(leaf scar)
葉脫落後，在莖枝上所留下的葉柄斷痕。葉痕的排列順序與大小，可作為鑑別植物種類的依據。

雜交(hybridization)

使兩種植物雜交以便獲得具兩種親本特性的新品種的行為。例如白牡丹為石蓮花屬與風車屬的屬間雜交品種。

白牡丹

精巧殿接在量天尺上

嫁接(grafting)

把母株的莖、疣突或子球接到砧木上使其結合成為新植株的一種繁殖方法。用於嫁接的莖、疣突或子球叫做接穗，承受接穗的植物稱為砧木。

「萬能砧木」龍神木

砧木(stock)

又稱台木。植物嫁接繁殖時與接穗相接的植株。在仙人掌植物的嫁接中，普遍使用量天尺做砧木，多肉植物則常採用霸王鞭做砧木。

葉插幼苗

葉插(leaf cutting)

將多肉植物葉片的一部分插於基質中，促使生根，長成新的植株的一種繁殖方法。

生石花晾根

晾根 (air-cured root)

當土壤過於潮濕和根部病害，導致多肉植物發生爛根，出現黃葉時，可將植株從土壤中取出，把根部暴露在空氣中晾乾，有利於消滅病菌和恢復生機。

更新後的多頭多肉植物

更新(renewal)

通過修剪等手段，包括重剪和剪除老枝等辦法，促使新的枝條生長。

花月錦

錦（variegation）

又稱彩斑、斑錦。莖部全體或局部喪失了製造葉綠素的功能，而其他色素相對活躍，使莖部表面出現紅、黃、白、紫、橙等色或色斑。在品名寫法上常用 *f. variegata* 或 *'Variegata'*。

卷絹綴化

綴化（fasciation）

或稱冠，是一種不規則的芽變現象。這種畸形的綴化，是某些分生組織細胞反常性發育的結果，其學名的寫法上常用 *f. cristata* 或 *'Cristata'*。

緋牡丹綴化

冠狀（cristate）

葉部、莖部或花朵呈雞冠狀生長，又稱雞冠狀，如緋牡丹綴化。

萬象芽變

芽變（bud mutation）

一個植物營養體出現與原植物不同、可以遺傳並可用無性繁殖的方法保存下來的性狀。如多肉植物中許多斑錦和扁化品種。

特玉蓮突變

突變（mutation）

指植物的遺傳組織發生突然改變的現象，使植株出現新的特徵，且這種新的特徵可遺傳於子代中。多肉植物還可以通過嫁接方法把新的特徵固定下來。

紫龍黃化

黃化（yellowing）

指植物由於缺乏光照，造成葉片褪色變黃和莖部過度生長的現象。

全書植物拼音索引

A

愛之蔓　87

B

八千代　74

白鳳　70

白花韌錦　105

白牡丹　50

薄雪萬年草　83

不夜城　73

C

長壽花　102

重扇　78

初戀　69

春夢殿錦　93

D

大和錦　54

大弦月城　85

大葉不死鳥　68

F

緋牡丹　110

福壽玉　100

斧葉椒草　80

H

黑法師　97

黑王子　64

虹之玉　66

花月錦　72

花月夜　92

荒波　104

黃麗　67

火祭　52

J

姬星美人　81

吉娃蓮　91

錦晃星　103

卷絹　58

K

卡梅奧　96

空蟬　101

快刀亂麻　99

L

藍石蓮　63

琉璃殿　55

魯氏石蓮　60

綠之鈴　84

落花之舞　108

M

銘月　61

Q

千代田之松　56

茜之塔　76

R

絨針　82

若綠　79

S

霜之朝　94

T

唐扇　75

唐印　53

特玉蓮　86

條紋十二卷　59

W

五十鈴玉　107

X

蟹爪蘭　109

星美人　71

星球　106

熊童子　88

Y

雅樂之舞　57

銀星　95

玉吊鐘　98

玉蝶　51

玉露　62

月光　90

月兔耳　89

Z

照波　111

子寶錦　65

子持年華　77

全書植物科屬索引

百合科

蘆薈屬
不夜城　73

沙魚掌屬
子寶錦　65

十二卷屬
琉璃殿　55
條紋十二卷　59
玉露　62

番杏科

棒葉花屬
五十鈴玉　107

快刀亂麻屬
快刀亂麻　99

菱鮫屬
唐扇　75

肉錐花屬
空蟬　101

肉黃菊屬
荒波　104

生石花屬
福壽玉　100

照波屬
照波　111

胡椒科

椒草屬
斧葉椒草　80

景天科

長生草屬
卷絹　58

風車草屬
白牡丹　50
銀星　95

伽藍菜屬
長壽花　102
大葉不死鳥　68

唐印　53
玉吊鐘　98
月兔耳　89

景天屬
八千代　74
薄雪萬年草　83
虹之玉　66
黃麗　67
姬星美人　81
銘月　61

厚葉草屬
千代田之松　56
星美人　71

蓮花掌屬
黑法師　97

青鎖龍屬
花月錦　72
火祭　52
茜之塔　76
若綠　79

絨針　82

月光　90

石蓮花屬

白鳳　70

初戀　69

大和錦　54

黑王子　64

花月夜　92

魯氏石蓮　60

藍石蓮　63

吉娃蓮　91

錦晃星　103

卡梅奧　96

特玉蓮　86

霜之朝　94

玉蝶　51

瓦松屬

子持年華　77

銀波錦屬

熊童子　88

菊科

千里光屬

大弦月城　85

綠之鈴　84

蘿藦科

吊燈花屬

愛之蔓　87

馬齒莧科

回歡草屬

白花韌錦　105

春夢殿錦　93

馬齒莧屬

雅樂之舞　57

仙人掌科

假曇花屬

落花之舞　108

裸萼球屬

緋牡丹　110

仙人指屬

蟹爪蘭　109

星球屬

星球　106

鴨跖草科

水竹草屬

重扇　78

多肉植物 • 新手栽種入門

編著
王意成

主審
王翔

編輯
師慧青

封面設計
Zoe Wong

版面設計
劉葉青

出版者
萬里機構・萬里書店
香港鰂魚涌英皇道1065號東達中心1305室
電話：2564 7511
傳真：2565 5539
網址：http://www.wanlibk.com
　　　http://www.facebook.com/wanlibk

發行者
香港聯合書刊物流有限公司
香港新界大埔汀麗路36號
中華商務印刷大廈3字樓
電話：2150 2100
傳真：2407 3062
電郵：info@suplogistics.com.hk

承印者
中華商務彩色印刷有限公司
香港新界大埔汀麗路36號

出版日期
二零一五年十二月第一次印刷

萬里機構

萬里 Facebook

本書由鳳凰漢竹圖書（北京）有限公司授權出版繁體中文版